유럽 현대 교회건축

몽마르트르 성 요한 성당(1894-1904) / 랭씨의 노트르담 성당(1922-1925)

몽마르트 성당 전면   전면 디테일   내부

몽마르트 성당 내부   전면 디테일   랭씨 성당 내부

내부 정면(제단쪽)

랭씨 성당 정면   배면

아시의 은총이 가득한 마리아 성당(1937-1950)

아시성당 정면

아시성당 배면

배랑

아시 성당 내부

루오 작/베로니카 창

샤갈 작/벽화

마티스 작/도미니크성인 타일 벽화

브라크 작/청동 감실문

방스의 로사리오 경당(1947-1951)

경당 전경

경당 내부

성 도미니크

경당 내부

창(생명의 나무)

십자가상

제단 창(생명의 나무)

경당 입구

롱샹의 언덕위의 성모성당(1953-1955)

롱샹 성당 조감

전면

야외제단

배면

내부

내부 벽창

채플 창

성모상

낙수구와 수조

루돌프 슈바르츠의 성당 / 그리스도 몸 성당(1928-1930) / 성 미카엘 성당(1953-1954) / 성 플로리아노 성당(1957-1961) / 성 보니파스 성당(1962-1964)

그리스도 몸 성당

그리스도 몸 성당 내부

성 미카엘 성당

성 미카엘 성당 내부

성 플로리아노 성당

성 플로리아노 성당 내부

성 보니파스 성당

성 보니파스 성당 내부

뵘부자의 교회 / 세례자 성 요한 성당(1921-1927) / 마리아 퀘니긴 성당(1953-1954) / 마리아 평화의 모후 순례 성당(1962-1968)

성 요한 성당

성 요한 성당 내부

마리아 퀘니긴 성당

마리아 퀘니긴 성당 내부

마리아 퀘니긴 성당 내부

성 요한 성당 제단

네비게스 순례 성당 내부

네비게스 순례 성당 전면

네비게스 평화의 모후 순례 성당 조감

내부

제단

내부

경사로 광장

영국에서의 실험 / 커벤트리 대성당(1954-1962) / 리버풀 대성당(1962-1967)

커벤트리 대성당(1954-1962)

커벤트리 대성당 중정

커벤트리 대성당 내부

세례당 창

채플 내부

리버풀 대성당

리버풀 대성당 내부

리버풀 대성당 입구 탑

리버풀 대성당 채플

리버풀 대성당 천창

리버풀 대성당 조감

20세기 후반의 교회건축 / 빌헬름황제 기념 교회당(1959-1963) / 마리아 레지나 순교기념 성당(1960-1966)

빌헬름 황제 기념 교회당 내부

교회당 외관

마리아 레지나 성당 종탑

마리아 레지나 성당

성모상

피에타상

마리아 레지나 성당 내부

20세기 후반의 교회건축 / 세례자 요한 성당(1960-1963) / 메겐 비오 성당 (1964-1966)

세례자 요한 성당 내부

세례자 요한 성당

메겐 비오 성당 전경

세례자 요한 성당 회랑

세례자 요한 성당 제단

메겐 비오 성당 외관

메겐 비오 성당 야경

메겐 비오 성당 지하 소성당

메겐 비오 성당 내부

20세기 후반의 교회건축 / 무티에의 우리마을의 성모성당(1963-1967) / 리욜라의 성모 마리아 승천 성당(1966-1978)

무티에 성당

무티에 성당 내부

무티에 성당 입구 세례대

무티에 성당 제단

리욜라 성당 전경

리욜라 성당 내부

리욜라 성당 입구

세례당

리욜라 성당 종탑

20세기 후반의 교회건축 / 영국 크리프톤 대성당(1970-1973)

크리프톤 성당 정면

크리프톤 성당 내부

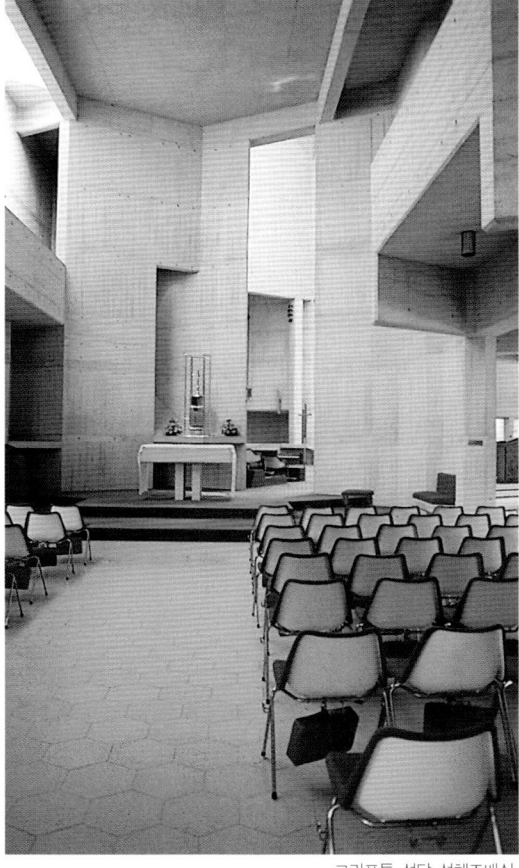
크리프톤 성당 성체조배실

크리프톤 성당 세례대

크리프톤 성당 십사처

20세기 후반의 교회건축 / 바우스베아 교회당(1974-1976) / 고속도로 성당 (1976-1978)

바우스베아 교회당

바우스베아 교회당

바우스베아 교회당 내부

바우스베아 교회당 내부

바우스베아 교회당 내부

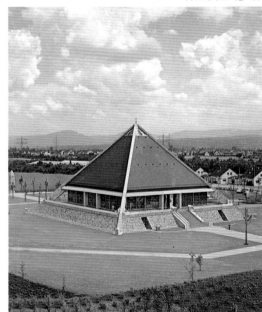
고속도로 성당

고속도로 성당 내부

내부

외부 상징 기둥

20세기 후반의 교회건축 / 에브리 대성당(1988-1995)

에브리 대성당 정면

에브리 대성당 내부

전경

제단

제대와 세례대

제대

성상

교회관 입구

교회관 입구 전면

아트리움

교회관 내부

회랑

제대

회랑 창

회랑 창

유럽 현대 교회건축

김정신 지음

美세움

추 천 사

　우리나라 건축학계에서 그 누구보다 국내 성당건축에 대하여 깊이 연구해왔을 뿐더러 값진 교회 건물의 올바른 보존과 신축에도 남달리 마음과 힘을 기울여 온 김정신 교수님입니다. 그런 분이 이 분야에 대해 모두의 시야와 이해를 한층 더 넓혀 줄 『유럽 현대 교회 건축』을 펴낸 것은 크게 반기고 고마워 할 일입니다.

　근년에 우리나라에서 전개되고 있는 성당 신축은 그 속도나 수효에 있어 세상 어디에서도 유래를 볼 수 없는 현상입니다. 그럼에도 그 많은 새 성당 중 어느 것이 문화유산으로 후대에 길이 남길 만 하다고 누가 묻는다면 답이 막막해지는 실정이기도 합니다. 성당 하나를 건립하는데 쏟는 신자 분들의 엄청난 희생과 노력을 생각해 본다면 실로 안타까운 일이 아닐 수 없습니다.

　지난 한 세기에 걸친 나라와 겨레의 수난이 어찌 보면 우리 문화의 심각한 단절과 혼란을 초래한 탓인지, 이렇다 할 정체성마저도 알아보기 어려운 느낌이 드는 오늘입니다. 그러나 그럴수록 창의력 넘치는 새로운 모색과 도약의 기회가 열렸다고 여겨집니다. 이런 마당에 다른 건축 분야보다 종교 건축이야말로, 전례공간의 뜻과 쓸모와 아름다움을 하나로 어우르면서, 창작력과 예술성을 더욱 자유로이 펼칠 수 있는 영역이 아닐까 합니다. 또 이 도전에 응하기 위해서는 자신의 정위定位를 바로 세워 줄 시야의 넓이와 통찰의 깊이가 절실히 요청되는 시대를 맞았습니다.

　그런 만큼, 건축 · 전례 · 신학 전반에 두루 걸친 김정신 교수의 종합적 역작이 모두에게 매우 유익한 참고가 되리라 믿고 이를 기꺼이 추천하는 바입니다.

천주교 춘천교구장

✝ 장 익

서 문

세계의 오랜 역사와 전통을 가진 민족과 국가를 볼 때 항상 고유의 건축물이 그 문화의 척도가 되어 왔으며 건물은 '기술'로서만이 아닌 '문화적 유산과 자산'으로서 이해되어 왔던 것을 볼 수 있습니다. 인류가 가진 전 문화유산의 대부분은 바로 '건축'이라 할 수 있으며 그 중에서도 종교건축이 차지하는 비중이 가장 큰 것은 두말할 필요가 없습니다.

근대 이전까지의 서양 건축사는 교회건축양식을 중심으로 서술되어 왔을 뿐만 아니라 현대건축에서도 교회건축은 정통성과 역사성의 최후의 보루로서 인식되고 있습니다. 일천한 역사를 가진 우리의 교회건축도 그간 한국의 근·현대건축사에서 중요한 위치를 점하여 왔던 것이 사실입니다. 현재 우리는 세계에서 교회건축이 가장 활발한 나라가 되고 있습니다. 이는 크나큰 축복일 수도 있고 하나의 위기가 될 수 있다는 우려도 있습니다.

신앙의 열기와 함께 건축의 기술적·경제적 능력도 갖추었고 역량 있는 건축가와 교회 미술가도 적지 않습니다. 경험도 많이 축적하였습니다. 그러나 잘 지어진 교회, 기능적·예술적·상징적 가치를 두루 갖춘 교회건축은 그리 많지 않습니다. 오히려 많은 비용과 노력을 들였으나 편하지도 아름답지도 거룩하지도 않은 교회, 예술적인 평가를 받았으나 사용자에겐 불편과 부담을 안겨주는 교회, 전례와 건축, 성미술이 조화되지 않는 교회들이 더 많습니다.

이러한 원인이 어디 있는가? 곰곰이 생각해 봅니다. 신앙심이 부족해서도 아니고 전문성이 없는 것도 아닙니다. 우리 교회건축이 안고 있는 가장 큰 문제는 건축설계 과정에서 겪는 갈등의 문제라고 생각합니다. 교회건축과 사회·환경과의 갈등도 있지만 보다 심각한 것은 교회내의 성직자와, 신자, 건축가, 미술가 간의 오해와 진정한 커뮤니케이션의 부재라고 생각합니다. 서로가 공유할 수 있는 공통 언어와 가이드라인이 없기 때문입니다.

참다운 교회건축을 위해서는 우리의 문화에서 그리스도교적 전통을 새롭게 이해하는 것이 필요합니다. 이를 전제로 유럽의 현대교회건축과 그 바탕이 되는 신학적·전례적 원칙을 고찰하고자 합니다. 본서는 필자가 그동안 발표한 논문과 글들을 재정리한 것으로 크게 세 부분으로 구성되어 있습니다. "현대 유럽교회건축을 찾아서"에서는 진지한 실험과 신학적 접근을 통해 현대 교회건축 운동의 선두가 되었던 20세기 교회 건축을 건축이념과 운동, 건축가와 작품을 중심으로 고찰하였습니다. "제2차 바티칸공의회와 교회건축"에서는 현대교회건축의 방향을 제시한 제2차 바티칸공의회의 정신과 그 성과를 검토하였습니다. "현대 가톨릭 전례공간의 계획지침"에서는 제2차 바티칸공의회 문헌을 토대로 각종 교회문헌과 예식서에 대한 건축적 해석을 통해 교회건축의 가이드라인을 모색하여 보았습니다.

우리보다 앞서 과학시대에 들어서면서 세속화와 다원화의 문제점을 먼저 드러내고 분리되었던 교회와 종교미술·건축의 재통합을 시도하였던 유럽 현대교회의 경험은 우리에게 좋은 교훈이 될 수 있을 것입니다. 그리고 제2차 바티칸공의회의 문헌에 대한 건축적 해석은 건축의 문제를 전례와 신학을 통해 접근한 것으로 가톨릭뿐만 아니라 범 교회건축의 이해와 설계에도 도움이 될 것입니다. 그리고 무엇보다 성직자, 신자, 건축가, 미술가 간의 상호이해와 협력에 도움이 되리라 기대합니다.

천학 비재한 탓으로 내용에 미흡한 점이 적지 않을 것으로 생각됩니다. 한국 교회건축의 실천적인 발전에 다소라도 도움이 되길 기대하며, 선배 여러분 및 동학 제현들의 기탄 없는 의견과 편달을 바라마지 않습니다.

지난 20여 년간 필자를 학문의 길로 인도하여 주신 윤장섭 교수님과 교회사에 눈뜨게 해주신 최석우 신부님, 교회미술에 대한 확신과 용기를 북돋워 주신 장익 주교님께 머리 숙여 감사드립니다. 또한 평소 많은 관심을 갖고 도와주신 조광호 신부님과 여러 신부님, 교회건축과 미술에 대해 많은 조언을 주셨던 최종태 교수님과 가톨릭미술가협회의 여러 미술가들의 도움에도 진심으로 감사드립니다.

2004년 2월
저자 김 정 신

차   례

유럽 현대 교회건축을 찾아서

전통과 양식의 모방(19-20세기초 교회건축의 흐름)

20세기 초 유럽은 사상적 예술적으로 전례없는 풍요로운 시기를 맞았다. 그러나 종교미술·건축분야는 그 어느때 보다도 시대에 뒤떨어진 정체상태에 머물러 있었다. 그것은 인문주의, 계몽주의 및 과학주의가 초래한 '세속화'와 함께 정부의 적대적인 정책과 그에 대한 가톨릭의 보수적 경향 때문이었다.[1] 19세기의 교회미술과 건축은 전통과도 시대정신과도 거리가 먼 채로 사회와 고립되고 몰개성적인 절충주의에 젖어있었으며, 20세기 초에 극에다 달았다. 이처럼 정체된 교회미술에 새로운 변화의 기운이 싹튼 것은 교회미술 분야에 있어서는 프랑스의 '공방활동'이었으며 교회건축에 있어서는 '새로운 구조와 재료의 사용', '전례운동' 및 '모더니즘 운동'이었다.

나폴레옹의 제국주의에 반대하여 일어난 민족주의, 국가주의와 병행하여 발생한 낭만주의(romanticism)는 가톨릭 교회의 권위를 회복시켜 줌과 동시에 교회건축의 이상으로서 고딕양식을 다시 부흥시켰다. 고전주의와 계몽주의의 객관적인 이지주의에 대하여 주관적인 정서주의라 할 수 있는 낭만주의는 19세기 중엽 영국의 고딕부흥으로부터 시작되었다. 신·구교를 막론하고 19세기와 20세기 전반까지는 고딕양식만이 그리스도교 신앙을 완벽하게 꽃피워주는 이상적인 것으로 간주되었다. 이러한 현상은 신학적인 관념에서라기 보다는 사회적인 분위기의 압력 때문이었으며, 내부공간의 견지에서 볼 때 새로운 개념이 전혀 없는 무분별한 복사에 불과하였다. 그러나 국가 관념이 왕성했던 이 시대에 교회만이 국가를 초월하여 가톨릭적인 일치에로 되돌아가려고 하였으며, 그것은 고딕복고의 교회건축에서 달성될 수 있었다.

프로테스탄트에서 가톨릭으로 개종한 퓨진(A.W. Pugin)과 그의 아들이 영국에서 고딕 복고의 교회건축을 리드하였다. 퓨진은 그

주 1) 프랑스 혁명 후 신앙의 시대가 가고 이성과 물질의 시대가 도래하였으며, 그 결과 교구가 축소되고 수도회가 해산되었으며, 곳곳의 성당이 습격받기도 하였다. 이러한 탈 그리스도적이고 반 그리스도적인 현상에 대한 가톨릭의 방어책으로 교황의 권위나 교회의 중앙 집권화를 강조하는 '교황지상주의', 교회는 성령의 도움으로 절대 오류에 빠질 수 없다는 '무류성'을 내세웠고, 공산주의와 무신론에 대한 두려움으로 근대주의와 자유사상을 배척하여 당시의 세속미술과는 동떨어진 보수적 경향을 보였다.

의 저서 『그리스도교 건축, 첨두형 건축의 진실된 원리』(The True Principle of Pointed or Christian Architecture, 1841)에서 고딕건축의 도덕성과 정직성을 예찬하여 '그리스도교 건축'은 '뾰죽한 건축'이라는 확신을 공식화 하였다. 그는 고딕건축의 기능적 편리성, 구조적 견고성, 타당성을 추출하고, 고딕건축을 고도의 양식으로 승화시켜 종교적이든 세속적이든 모든 건물의 형태에 적합한 양식을 창출시킬 수 있도록 하였는데 그에게 있어서 중세의 형태로 건물을 짓는 것은 도덕적 의무였으며, 나아가 중세의 건축가가 가장 정직한 일꾼이고 충실한 그리스도인이었으며, 훌륭한 건축가가 되기 위해서는 정직한 일꾼이 되어야 할 뿐 아니라 좋은 그리스도인이 되어야 한다고 하였다.[2] 퓨진에 이어 죤 러스킨(John Ruskin)도 고딕은 교회를 위한 유일한 도덕적 양식이며, 고딕양식은 이교도의 문명과는 완전히 다른 것이라고 주장하였다.

주 2) Edwin Heathcote, Church Builder, AD Academy, 1997, p.2 참조

영국 국교회인 성공회는 가톨릭에 대한 견제로 퓨진의 '고딕예찬'이 경계의 대상이 되기도 하였으나 고딕의 기능성 즉 평면의 변형과 함께 퓨지이즘(Puseyism), 즉 영국 성공회 안에서 이루어진 고교회파의 옥스퍼드 운동[3]이 네오고딕양식을 전파시켰다.

주 3) 가톨릭 전통을 되찾음으로써 영국교회를 쇄신하고자 옥스퍼드 대학교를 중심으로 1833-1845년 사이에 일어난 운동. 영국 성공회가 종교개혁시 보유했던 가톨릭 유산에 대한 회복과 자각으로서 국가적 교회 개념에 더 나아가 보편적 교회에 대한 영적 근거와 사명을 자각케 하였으며 성사와 전례를 중시하게 되었다. 또한 수도원제의 부활, 많은 학교와 대학의 설립, 빈민선교, 해외선교 등 성공회의 보편성을 재확립시키는데 공헌하였다.

성당을 소외의 중심으로 묘사한 빅토르 위고는 『노틀담의 곱추』에서 성당건물의 보존에 대한 태도를 논의함과 동시에 고딕을 프랑스의 자유와 성취의 표현으로 해석하였다. 비올레 르 듀크(Eugène Viollet le Duc)은 고딕은 기술의 축복이며, 근대의 정신처럼 유연하고 자유롭고 탐구적인 것이라고 하면서 고딕건축을 근대의 합리주의 정신에 연결하였다.

후기 고딕양식의 쾰른 대성당의 완공에 영향 받은 독일 복음교회가 1861년 채택한 아이젠아흐 지침(Eisenach Directive)의 16조 가운데서 다음과 같이 천명하였다. "그리스도 교회건축의 권위는 역사적으로 발전하여 온 교회건축 양식과 연결되어야 한다. 그리고 기본적인 형태로 장방형의 고딕 또는 초기 바실리카와 로마네

스크를 권장한다."

몇십년이 지난 1897년, 죠지 헥크너(Georg Heckner)가 그의 책 『교회건축의 실용 헨드북』(*Praktisches Handbuch der kirchlichen (katholischen) Baukunst*) 제3판에서도 "기존 양식은 교회건축과 장식에 충분하며, … 새로운 양식을 찾을 필요가 없다. 그러한 새로운 발명은 영원한 모빌의 발명처럼 불가능하다."고 언급하고 있다. 1912년의 쾰른의 안토니우스 피셔(H.E. Antonius Fischer)추기경의 포고에서도 "일반적으로 신축 교회들은 로마네스크, 고딕양식 또는 소위 과도적인 양식으로 지어야 하며 그 중에서 고딕양식을 제일 권장한다. 최근 몇몇 건축가가 후기양식 심지어 극도의 모던한 것도 시도하였으나 이후 허용되지 않는다."며 고딕양식을 강조하고 있다.

영국 가톨릭형 교회건축의 성가대의 확장과 측랑의 감소는 독일 프로테스탄트 교회에 상당한 영향을 주었는데 헬르만 무테지우스(Hermann Muthesius)의 책 『최근의 영국교회건축』(*Die neuere Kirchliche Baukunst in England*)이 널리 읽혀졌다. 네오고딕 양식은 독일에서도 재평가되어 교회내부의 모습이 고딕복고풍으로 장식되었다.

이러한 절충주의에 대한 개혁의 목소리가 간간히 일어나기 시작하였는데 신학자인 요하네스 피커(Johannes Ficker)는 "복사나 복구가 아니다. 우리는 20세기의 건물을 짓는 것이지 5세기, 12세기 또는 18세기의 건물을 짓는 것이 아니다. 통일성이나 도식적인 모델, 눈먼 모방 등 이러한 유령의 치명적인 적은 개혁주의(Protestantism)이다."라고 주장하였다.

1906년 드레스덴에서 열렸던 제3회 독일 응용미술전의 교회부문의 서문에는 양식적 모방과 절름발이 전통주의를 분명히 반대하고 있다. "지난 세기 교회미술의 취향의 변화는 활기찬 과정으로 그것의 기원을 정확하게 말하기는 어렵다. 교회의 개념에 외관형태의 자유를 성취할 수 없다고 감히 주장할 수 있을까? 근대적인 작업이 로마네스크나 고딕의 모방만큼 교회의 기본적인 모습을 표현할 수 없다는 선입관이 성직자에게 허용될 것인가?"

1910년 감독 브라터(P. Brathe)는 「그리스도교 미술잡지」 (*Christliches Kunstblatt*)에서 노예적인 모방에 대해 맹렬한 공격을 가했다. "우리가 익숙한 모든 양식적인 전통으로부터 완전히 벗어난다면, 우리 자신의 언어로 우리의 시대를, 우리 교회생활의 요구에 기초한 솔직하고 진지한 시도가 이루어진다면 우리는 정말 최선을 다하는 것이 된다".

1911년 스튜트가르트에서 열린 종교미술전에서 시나고그 건축과 관련하여 다시 강조된 것은 "과거 양식에 집착해서는 결코 바라는 결과를 거둘 수 없다. 그러나 근대적인 관점은 더 만족스런 해결을 거두기 쉽다"는 것이다.

반면 교회와 당국의 대다수는 계속 과거 양식을 모방하였다. 프란츠 디벨리우스(Franz Dibelius)는 1914년의 취임사에서 루터파 교회건축의 기본 원리에 관해서 이러한 유형의 사고방식에 반대하였다. "만약 그리스도교 미술이 고풍적인 시각을 견지한다면, 교회가 계속해서 양식적인 장소성을 느낄수 있도록 건축되어진다면 교회공동체의 생활에 어떤 작은 위험도 없을 것이다." 반면, 1910년의 「그리스도교 미술」의 편집자에게 다음과 같이 쓰고 있는 것은 주목할 만하다. "양식의 문제는 교회에 관련된 것이라기 보다는 예술가에게 관련된 것이다."

19세기에서 20세기 초반까지의 양식모방과 절충주의 경향은 1차 세계대전 이후부터 커다란 변혁을 겪었다. 그 변혁은 지금까지의 양식변천과는 다른 차원으로 전개되었다. 기술과학의 발전과 사회경제적인 변혁, 휴머니즘, 민주주의, 자본주의, 공산주의 등

의 시대사상과 현대신학 등에 기인한 것이지만, 무엇보다도 교회
의 역할과 예배양식의 변화가 직접적인 동인이 되었다.

새로운 재료와 구조의 탐구

근대건축과 역사적인 양식건축 사이의 기본적인 차이점은 무엇보다 건축 재료의 성질에 있다. 과거의 위대한 건축들은 자연재료의 수공적인 건설방식에 의해 이루어졌는데, 각 시대의 정신을 반영하며 뛰어난 건축형태를 창조함으로써 양식의 변천을 이루어 온 것이다.

그러나 산업혁명으로 나무, 돌, 벽돌 등 과거의 자연재료와는 성질이 판이한 공장 생산 재료들이 출현함으로써 양식에서 양식으로의 전개는 중단되게 되었다. 이 새로운 재료의 주인공은 철과 유리 그리고 철근콘크리트이다.

처음엔 몇몇 주목할 만한 예외가 있지만, 거의 전통적인 재료의 특성을 단순히 재생하는 상상력 없는 시도에 그쳤기 때문에 별 의미가 없었다. 그러나 그 속에 숨어있는 구조적 잠재력이 새로운 건축을 창조하게 된 것이다. 교회 건축에 철재를 사용하기 시작한 것은 18C 후반 영국 리버풀에서이다. 돗드(Dodd)가 최초로 성 안나(St. Anne)교회(1772)에 주철제 기둥을 사용하였고, 이어서 여러 가지 단면이 손쉽게 얻어진다는 이점을 살려서 기둥뿐만 아니라 여러 부재에서 광범위하게 사용되었는데, 토마스 · 리크만(Thomas Richman)은 리버풀의 일련의 교회 – 성 죠지(St. George)교회, 성 미카엘(St. Michael)교회, 성 필립(St. Philip)교회(1813-16) – 에서 전면적으로 주철재를 사용하였다.

프랑스에서는 19C 중반 루이 오귀스트 보알로(Louis Auguste Boileau)의 성 유진교회(St. Eugène, 1854-1855), 빅토르 발타르(V. Baltard)의 성 오귀스탱교회(St. Augustin, 1867)에서부터 주철제 노출기둥을 교회 내부에 쓰기 시작하였다.

19세기에 전개된 교회건축에서 새로운 재료와 구조의 출현은

그림 1. 노동성당(1884-1901) 내부

그림 2. 몽마르트르의 성 요한성당
(1894-1904)

그림 3. 성 요한성당 내부

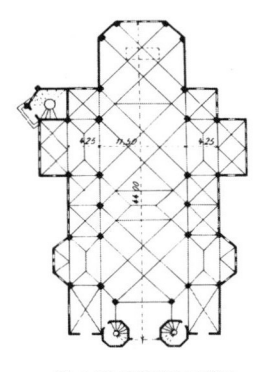

그림 4. 성 요한성당 평면도

주로 주철재에 의한 것이었는데, 20세기로 넘어오면서 철근 콘크리트의 가능성을 새로이 탐색하기 시작하였다.

파리의 빈민지역에 지어진 보알로의 성 유진성당은 경제적인 이유로 철재 기둥과 보울트, 리브를 사용하였지만 결과적으로 고딕구조의 가벼움과 날렵함을 표현하였다. 산업과 노동의 중심지인 플레장스에 지어진 아스트뤽 쥘르(Astruc Jules)의 플레장스 노동성당(Notre-Dame du travail de Plaisance, 1884-1901)은 외관은 벽돌과 아치의 로마네스크풍을 벗어나지 못했으나 내부에서 철골구조를 노출함으로써 노동자들의 생활터전인 공장을 연상시키고 있다. 한편 비올레 르 듀크의 제자인 아나똘 · 드 · 보도(Anatole de Baudot)와 꽁따맹(Contamin)이 설계한 몽마르뜨르의 성 요한(St. Jean)성당(1894-1904)은 얇은 콘크리트판을 이용하여 고딕적인 구성을 표현함으로써[1] 역사적인 형태에 대한 새로운 해석을 시도하였다.

철근 콘크리트는 우리시대의 독특한 조적재료이다. 그것은 철과 콘크리트의 팽창계수가 동일하다는 우연한 발견의 결과로 개발되었다. 콘크리트를 성형할 때 골재 사이에 철막대나 철그물을 넣으면 압축력과 더불어 굉장한 인장력을 지닌 석조물이 만들어지는 것이다. 전통적인 돌이나 벽돌과 달리, 철근 콘크리트는 기둥이나 연속된 넓은 슬라브로 성형될 수도 있고, 얇은 쉘로 접을 수 있으며 또한 포물선 형태, 아치, 리브 등 어떠한 곡선 형태도 만들 수 있다. 그리하여 과거의 건축가나 기술자들이 꿈꾸지 못했던 디자인 가능성의 새로운 범위를 활짝 연 것이다.

철근 콘크리트가 19세기에 발명되었지만 그것의 잠재력은 20세기 일사반기(一四半期)까지는 거의 실현되지 못하였다. 오귀스트 페레(Auguste Perret)가 무시되었던 이 재료를 그의 건축에 수용하면서 철근콘크리트의 구조능력을 탐구하기 시작하였는데 교회건축에서의 최초의 성과가 랭씨(Raincy)의 노트르담(Notre Dame)성당

(1925)이다. 지붕의 하중은 가느다란 원형 노출콘크리트 기둥에 의해 지지되고 완전히 해방된 벽체는 패턴화된 얇은 성형 콘크리트 패널에 스테인드글라스를 채움으로써 빛을 필터링하였다. '콘크리트 레이스'로 묘사되는 우아한 벽체와 함께 얇은 콘크리트 지붕 보울트 등이 중세 고딕건축의 내부공간과 구조체계를 연상케 한다.

페레는 일찍이 철근콘크리트의 성질은 돌이나 벽돌과 반대이며, 이 독특한 성질을 이용하기 위해서는 새로운 방식으로 다루어져야 한다는 것을 깨달았다. 전통적인 조적구조와의 비교시험을 통해 이것은 분명해졌다. 하중에 비해 돌과 벽돌의 상대적인 연약성과 결합력의 결여 때문에 이 전통적인 조적구조는 필수적으로 육중한 단일체가 되어야 했다. 벽체는 보통 지지체인 동시에 인크로우저(enclosure)로 작용하는데, 높은 건물에서 그러한 조적벽은 매우 두꺼워지지 않을 수 없었다. 지붕의 하중뿐만 아니라 자중의 누적된 하중을 지탱하기 위해 밑바닥에서는 20 ft 까지 두터워지기도 하였다. 고딕의 스테인드글라스 같은 큰 창을 외벽에 뚫을 때는 내부기둥과 보울트(vault), 플라잉 버트레스(flying buttress) 등으로 균형을 유지하고, 벽체에 부과되는 주 하중을 제거하였다. 로마네스크 양식에서 유사한 문제가 대두되었다. 돔과 보울트는 그들을 지지하고 안정하게 하기 위해 육중한 내부기둥(pier)과 외벽으로부터 추력(thrust)과 반추력을 필요로 하였다.

반면 철근콘크리트는 가벼운 하중으로 강도와 안전성을 결합할 수 있었다. 페레의 천재적인 성과는 이러한 성질이 전통적인 조적조보다 나무에 더욱 가깝다는 것을 인식한 점이다. 랭씨(Raincy)의 노트르담(Notre-Dame)성당을 비롯한 대부분의 그의 설계에서 선택한 기술은 고전적인 주량(柱樑)구조 체계였다. 원시시대 오두막에서 처음 채택되어 그리스 사원에서 대리석으로 모사되었으며, 오늘날 목조건축과 마천루 등에서 여전히 사용되고 있는 방식이다.

이러한 가구식 주량체계를 철근콘크리트에 적용함으로써 페레는 철근 콘크리트 프레임의 혁신적인 개념을 개발하였다. 그는 어떠한 목구조가 이룰 수 있는 것 보다 더 큰 그리고 가볍고 넓은 개구부를 지닌 구조물을 만들 수 있었다. 더구나 내력 지지체를 비내력 벽체와 구조적으로 분리함으로써 비내력 벽이 어느 것도 지지하지 않고 단순히 인크로우저(enclosure)의 역할만 할 수 있게 하였다. 그 결과 페레의 큰 건물은 가늘게 되고 의도에 따라 얼마든지 유리를 넓게 끼울 수 있게 되었다. 이러한 체계로 지금까지 구조적으로 불가능하였던 디자인을 가능케 하는 새로운 재료로서의 철근 콘크리트를 부각시켰다.

이러한 선구적인 노력에도 불구하고 페레의 철근 콘크리트 프레임도 처음엔 평가를 받지 못했다. 실제 그의 노출 콘크리트의 야수적인 건물은 그에게 쏟아지는 경멸과 조소와 논쟁을 야기 시켰다. 또한 페레는 자신의 혁신을 성공적으로 실행키 위해 자신과 그의 형 죠지 페레와 함께 직접 자신이 디자인한 건물을 시공하였기 때문에 동료들로부터 미움을 사기도 하였다.

페레는 후일 프랑스의 가장 영향력 있고 존경받는 건축가로 기록된다. 에꼴 데 보자르(Ecole des Beaux-Arts)와 에꼴 스페시알 다르쉬텍뛰르(Ecole Spéciale d'Architecture)의 직공장(chef d'atelier), 건축가협회장, 2차 대전 후에는 르 아브르(Le Havre), 아미앙(Amiens), 마르세이유(Marseilles)의 도시 재건 책임 건축가로 활동하였다. 1954년 죽기 전에는 최고의 훈장인 영국 왕립 건축가협회(R.I.B.A)와 미국 건축가 협회(A.I.A)의 금메달을 수상하였다.

랭씨의 성과는 카알 모제(Karl Moser)가 설계한 바젤의 성 안토니오성당(Antoniuskirche, 1929), 도미니쿠스 뵘(Dominikus Böhm)의 노이-울름(Neu-Ulm)의 성 요한 세례자 성당(Johannes der Täufer-Kirche, 1921- 1927), 오토 바르트닝(Otto Bartning)의 강재성당(Stahlkirche, 1928), 프리츠 메츠거(Fritz Metzger)의 성 샤를성당(St. Charles, 1934) 등에 계속 이어졌다.

랭씨의 노트르담 성당
(Church of Notre-Dame, Le Raincy, 1922-1925)

옛 조적조의 한계로부터 철근 콘크리트를 해방시킨, 경량과 강도의 훌륭한 결합을 파리 근교 랭씨(Raincy)의 노트르담 성당처럼 명확하게 보여준 것은 없다. 여기서 지붕 전체의 하중은 넓은 간격으로 열지워 선 가느다란 내부기둥에 의해 지지되고 있다. 벽체는 어떠한 하중도 지지하지 않는, 따라서 견고할 필요도 없고 두터울 필요도 없는 단순한 스크린이다. 페레는 이것을 얇은 성형 콘크리트 패널로 만들었는데 반복되는 패턴으로 뚫어서 스테인드글라스를 채웠다. 그 결과 빛을 필터링하는 벽체가 '콘크리트의 레이스'로 적절히 묘사되는 놀랍고 우아한 구조가 되었다.

이 성당 지붕 보울트의 우아한 곡면은 이 새로운 재료의 다른 기본 성질—인장력과 결합력—을 이용하였다. 철근콘크리트를 이용함으로써 성형된 보울트는 하나의 연속된 판이 되어 달걀껍질보다 상대적으로 가는 독립구조로서 지지체 위에 '떠' 있을 수 있었다.

지붕을 떠받치고 있는 기둥도 이 새로운 재료의 고유한 성질을 독특하게 표현하고 있다. 그것들은 극도로 가늘 뿐 아니라 전통적인 조적구조체계의 요구와 반대로 위에서부터 밑으로 내려오면서 점점 가늘어졌다. 피터 콜린스(Peter Collins)의 설명과 같이 페레에게 있어 기둥의 안전성은 사제와 회중의 하나됨을 암시하였는데, 로만 가톨릭 교회 내 전례부흥 운동의 시작을 반영한 것이었다. 전통적으로 육중한 내부 열주에 의해 신랑(nave)으로부터 가려지고, 낮은 천장으로 한정되었던 측랑(aisle)이 여기서는 페레의 가는 기둥에 의해 간단히 지정될 뿐이었다. 이것이 실내 전체를 하나의 공간으로 개방시키고 외벽의 직접적인 시각을 허용하였다. 그리고 외벽의 콘크리트 선조(線條)세공이 실내의 독특한 광휘를 제공하였다. 이러한 배열은 구조적인 혁신과 더불어 전례적인 혁신을 또한 표현한 것이다. 측랑의 제거와 평면의 개방은, 회중 각자

그림 5. 노트르담 성당
(랭씨, 1922-1925)

그림 6. 성당 내부

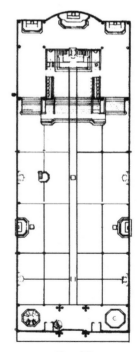

그림 7. 평면도

의 직접적인 시각 내에 미사 전례가 이루어지도록 하려는 노력을 반영하였다.

이 성당은 단조로운 가로변의 평범한 부지에 서 있다. 주변에 건물들이 인접해 있어 전면과 배면 외에는 가까이 걸어서 둘러 볼 수 있는 시각이 허용되지 않는다. 정면 중앙에 높은 종탑을 가진 외관은 거의 전통적인 모습을 지니고 있다. 오늘날 이 건물이 한때 혁신적인 디자인으로 세찬 논쟁을 불러 일으켰다는 것이 믿기 어려울 정도이다. 주 매스를 이루고 있는 것이 신랑이고, 전면에 종탑과 낮은 배랑(narthex)이 한 칸(bay) 붙어 있다. 종탑 양편 가는 수직매스가 탑하부와 함께 2층 성가대석을 구성한다. 낮은 배랑의 상부에는 6각형의 천창이 있어 견고한 벽으로 에워싸인 출입구부를 비추고 있다. 외부매스의 형태가 내부기능을 솔직하게 드러내고 있어 근대건축(Modern Architecture)의 기본적인 교의를 잘 보여주고 있다.

그림 8. 성당 배면

입구의 실내는 매우 독특하게 구성되어 있는데 기둥과 천공 커튼월을 분리하여 복잡한 패턴을 창조하고 있다. 주출입구 상부 성가대석은 콘크리트로 뽑은 우아한 나선계단으로 연결되며, 종탑의 4면에서 걸러 들어온 빛이 성가대석 상부에 고양된 광휘를 제공하고 있다.

양 측면과 제대 배면의 '콘크리트 레이스' 창이 이 성당의 외벽을 구성함과 아울러 디자인의 정수를 보여준다. 타오르는 빛과 동시에 고요하고 잔잔한 실내의 분위기는 어떠한 글이나 사진으로도 전달하기가 어렵다. 스테인드글라스가 전반적으로 사용되어 마치 빛나는 커텐처럼 성당을 감싸고, 내부 전체는 색채로 생동하고 있다. 동시에 다양한 색깔이 일광을 약하게 함으로써 눈부심을 제고한다. 벽표면 전체가 하나의 거대한 창이라는 사실이 전반적인 조도를 높이고, 그럼으로써 전통적인 창이 견고한 넓은 벽면에 끼워질 때 생기는 눈부심의 주 원인인 실체부와 공허부의 대조를 제거시켰다. 이러한 방법으로 랭씨 성당은 건축가의 목표였던 깊이와 조정의 분위기를 달성하였다.

스테인드글라스의 색채는 스펙트럼으로 변한다. 그러나 각 벽마다 특정한 색이 지배하고 있다. 입구 파사드의 유리는 기본적으로 온화한 은빛 회색인데 녹색과 장미빛으로 변화한다. 측벽은 색상과 채도가 보다 짙어지는데 청색에서 적색, 짙은 적색, 보라색으로 변한다. 전체가 동일한 패턴으로 끼워진 측면벽은 각각이 그리스도의 생애와 다른 성(聖) 신비를 묘사하는 동일 색조의 패널로 되어 있다. 성단(chancel)을 에워싸는 교회의 전면은 생기 있는 푸른빛이 방사되는데 여기서만 예외적으로 오직 한색이 사용되었다. 이러한 색채사용 −뒷면의 중간 색조로부터 시작하여 측면의 다채로운 보석색조로 깊어지고, 성단에서 푸른빛 방사로 고조되는− 은 실내 전체를 제단과 성찬전례에 초점을 맞추도록 한다. 그 결과 강렬한 정신적인 힘과 아름다움을 연출한 것이다.

벽체의 하부는 전부 견고한 실체(solid)로 되어 있는데 이것은 천장의 견고한 보울트와 시각적인 균형을 이루게 하기 위함이다. 레이스 같은 벽체의 문양(pattern)은 천장의 중앙 보울트에서 한 장식적인 요소로 반복되고 있다.

성 안토니오 교회
(Antoniuskirche, Basel, 1925-1931)

바젤에 소재한 성 안토니오 교회는 스위스 근대건축의 선구자인 카알 모제(Karl, Moser, 1860-1936)가 설계한 스위스 최초의 콘크리트 교회건축이다. 내부에 사각 콘크리트 열주가 있는 바실카식 평면에 가운데 신랑의 천장은 노출 콘크리트 격자형의 반원형 벨렐 보울트이고 측랑은 평천장이다. 좌우 벽체의 콘크리트 멀리온 사이는 모두 스테인드글라스로 채워져 있다. 건물의 정면은 매

그림 9. 성 안토니오 성당
(1925-1931)

우 특징적인 '포르테 코쉐르'(porte cochère)[2]형 문으로 되어있어 전면 광장과 세속의 거리를 연결하고 있다. 이 문은 80피트에 달하는 상징적인 도시 스케일인데 사실은 바깥으로부터 안으로 6단 줄어들어서 실제 문은 불과 15피트에 불과하다. 이 문의 내부 상부에는 파이프 오르간이 올려져 있다.

랭씨성당과 구조적인 유사함이 있지만 공간의 분위기는 사뭇 다르다. 랭씨성당이 콘크리트 구조에 의한 고딕양식의 구현이자 장식적인 디테일이 강조된데 비해 안토니오 성당은 로마네스크에 가까우며 장식이 생략되어 있고 외관형태 역시 단순한 입방체의 근대합리주의에 가깝다. 특히 정면 대문과 대조적인(조화되지 않는) 박스형 종탑은 더욱 그렇다. 그가 설계한 8개의 가톨릭과 개신교의 교회건축 중 마지막 작품으로 가장 근대적인 건축이다. 이 건물을 계기로 침체되었던 스위스의 교회건축에 일대 전환점을 이루었다.

그림 10. 성 안토니오 성당내부

강재교회
(Stahlkirche, Berlin-Siemensstadt, 1934)

독일 개신교 교회건축의 개혁을 주도한 오토 바르트닝(Otto Bartning, 1883-1959)은 매우 과격한 이상주의자였는데 1차 대전 전에 25개, 1차 대전 후 30개의 교회를 설계했고, 2차 대전 후 1948-1951년 동안에 무려 100 여개의 교회건축에 관여하였다.

그림 11. 강재교회 외관
(1928-1934)

'별의 교회 계획안' (1922)에서처럼 초기엔 표현주의적인 교회건축을 추구하였으나 '부활교회' (1930) 이후로 합리주의적인 디자인으로 전향하고 있는데 당시 기능주의가 발달한 독일의 시대적 상황과 일치한다. 바르트닝은 "근대의 재료와 건축 기술로 인하여 교회건축이 세속화된다고 믿는 것은 잘못된 것이다. 어떤 재료에도 정신적 가치는 존재하는 것이며 이러한 정신을 찾아내고 이것을 종교적인 것 안에 포함시키는 것이 우리의 의무이다"[3]라고 하면서 합리주의 디자인을 정당화하였다.

페레의 랭씨성당처럼 바실리카에 기초한 좌우대칭의 긴 부채꼴 평면으로 정면 중앙에 높은 종탑이 있고 제단 뒷벽은 원호를 그리고 있다. 구조는 철골구조이며 벽체는 콘크리트 커텐월로 되어있고, 판벽 사이와 제단 뒷벽은 모두 투명한 창으로 되어있다. 쉽게 조립되고 해체될 수 있는 단순한 구조로 프리파브화를 예견하고 있는데 표현주의의 회화적인 요소는 사라지고 고딕의 감성만 남아 있다. 페레의 랭씨성당을 최초의 '근대교회'(modern church)라 한다면 바르트닝의 강재교회는 최초의 '근대주의 교회'(modernism church)라 할 수 있다.

그림 12. 강재교회 내부

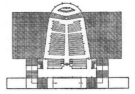

그림 13. 강재교회 평면도

주 3) Edwin, Heathcote, Church Builders, AD Academy, 1997, p.34

전례운동과 그 영향

배경과 전개과정

주 1) Vatican Ⅱ : Sacrosanctum Concilium, 1963, 10.

교회건축의 역사는 '교회활동의 정점이자 힘의 원천'[1]인 전례의 역사와 깊은 관련이 있다. 중세의 봉헌 위주의 전례형식은 교회건축의 최고의 이상으로 고딕교회건축을 발전시켰으며, 르네상스, 바로크, 로코코, 절충주의 등 많은 양식의 변천이 있었지만 이러한 종말론적인 교회건축 형식은 19세기까지 지속되었다.

전례운동은 오랫동안 잃어버렸던 그리스도교 정신(Christianity)의 고대개념으로의 복귀를 의미하기 때문에 전례부흥운동(Liturgical Revival)이라고 할 수 있다. 이 운동은 독일과 벨기에의 베네딕도 수도원 특히 루뱅 근처의 몽 세자르(Mont César), 마렛수(Maredsous), 부뤼즈(Bruges) 근교의 생뜨앙드레(Saint-André), 그리고 뵈롱(Beuron)과 마리아 라아흐(Maria Laach)의 수도사들이 앞장섰다. 그중에서도 프랑스의 솔렘수도원[2]을 부흥시킨 베네딕도 수도원의 사제인 게랑제(Prosper Guranger, 1805-1875)의 영감이 개혁적인 전례생활을 더욱 심화시켰다. 게랑제는 고대의 전례서를 연구하여 복간하고 그레고리안 성가의 연구를 일으켰는데, 그것은 근대의 수도생활의 쇄신과 부흥에도 밀접히 연결되어 있다.

주 2) 프랑스 사르트(Sarthe)주의 르망(Le Manc) 교구에 있는 작은 마을로 19세기 이후 그레고리오 성가 부흥운동의 출발점이 되었던 베네딕도회 솔렘 연합회가 있는 곳.

주 3) 이태리 태생의 가톨릭 사제로 독일에서 활동한 신학자이자 종교철학자 및 문화·사회 평론가. 그의 저서 『전례의 정신』(Vom Geist der Liturgie)을 통해 독일 가톨릭 청년회의 '분천(Quickborn)' 운동에 정신적인 영향을 주었으며, 나아가 제2차 바티칸공의회의 전례개혁에 큰 영향을 끼쳤다.

주 4) 벨기에 루뱅의 몽세자르(Mont César)수도원의 수도자였다.

수도원에서 시작된 이 전례운동은 과르디니(Romano Guardini, 독일)[3], 보뒤엥(Baudouin, 벨기에)[4], 파르슈(Pius Parsch, 오스트리아), 융만(Jungmann, 오스트리아) 등의 노력으로 다목적인 전례와 교회쇄신운동으로 전개되어 나갔다. 그리고 이 운동을 학문적·신학적으로 뒷받침한 것으로는 로마의 카타콤바의 발견 등에 의한 그리스도교 고고학을 위시하여, 독일이나 프랑스에서 전례의 역사와 신학에 관한 광범위한 연구가 큰 힘이 되었다.

그 중에서도 마리아 라아흐(Maria Laach)의 베네딕도 수도원의 노력으로 알려진 각종의 전례학 연구와 영국 성공회의 전례학자 그레고리 딕스(Gregory Dix)에 의해 권장되고, 프랑스 보트에 의해 집대성된 히폴리토(Hippolytus)의 「사도전승」의 연구, 그리고 신학적으로는 오도 카젤(Odo Casel)의 「비의와 비의」에 의해 시작된 신비신학이 새로운 교회론, 성사론과 전례신학을 낳게 하였다.

교황 비오 10세(Pius Ⅹ)[5]는 교령을 통해 영성체에 있어서 초대교회의 관습으로 복귀하도록 권장하였으며, 성만찬을 자주 베풀어야 한다는 신조를 발표하기에 이르렀다.(1905년과 1910년) 영성체는 다시 한번 미사의 핵심부분으로 등장하였고, 신자들은 미사에 참여할 때마다 매번 영성체를 하도록 권장되었다. 철이 든 어린이에게 영성체가 허용된 것도 이 때이다. 미사를 진행하는 기도문을 갖게 된 신자들은 자기들에게 속한 부분의 기도문을 함께 낭송하기를 원하였다. 공동으로 낭송할 수 있는 기도문을 모두 수록한 최초의 통일 기도서가 1929년에 발행되었으나 교회 전체에서 이를 채택하는 것은 상당히 지체되었다. 이것은 소위 '공송 미사'로 발전되었으며 성가대가 차지하였던 많은 부분들이 점차 회중들에게 되돌려졌다.

1947년 교황 비오 12세(Pius Ⅻ)는 회칙 「하느님의 중재자」(*Mediator Dei*)를 통해 미사의 중심적인 위치와 평신도 사제직을 강조하였다. 1955년에 성주간 예절이 부활되고, 1957년에는 저녁 미사의 거행이 허용되었으며, 영성체 전의 공심재 규정이 완화되었다. 이러한 것은 신자 개개인의 혁신과 그리스도 공동체 안으로부터의 개혁을 목표로 한 것이다. 이러한 모든 노력들은 제2차 바티칸공의회의 전례쇄신에 큰 영향을 줌으로써 공식화되었다.

가톨릭의 전례부흥에 버금가는 개신교회의 전례쇄신은 루터파 교회에서 괄목할 만한 것이었는데 그것은 제대와 설교단 사이의 관계와 위치문제였다. '성만찬'의 개념은 다양한 의견과 학자들의 작업으로 자유롭게 해석되었으며, 1892년의 사도신경과 하르낙

주 5) 비오 10세는 전례운동에 가장 적극적이었던 인물로서 그레고리오 성가를 비롯한 성음악에 대한 규정을 발표하고, 교회법을 성문화했으며, 교회의 중앙정부를 간소화하고 강화하였으며, 교황의 성서연구소를 설립하였다. 그는 성직자와 회중 사이의 정신적으로 공간적으로 점증하는 소원을 극복하기 위해 회중석과 강론대 및 성소 사이의 물리적, 심리적 장벽을 제거키길 원했다.

(A. Harnack)의 '그리스도교란 무엇인가?' (*Das Wesen des Christentums?*, 1900)에서의 논쟁에서와 같이 '비어있는 상징' (empty symbol)으로 설명되곤 하였다. 전례운동이 아래로부터 일어나고 수년 후에야 교회건축의 새로운 배열에 대한 관심이 일어난 가톨릭과는 달리 프로테스탄트의 논쟁은 직접적으로 제대와 설교단의 위계문제였다.

1894년 제1회 복음주의 루터파 교회 건축회의(Evangelical-Lutheran Congress of Church Architecture)에서 교회건축의 전환점이 되었던 비스바덴 프로그램(Wiesbaden Programme)[6]의 기본적인 문장이 수정되었는데 그것은 제단이 단순한 상징으로서가 아니라 실제에 있어서 교회의 중심에 놓여야 한다는 신학적인 측면에서의 강조였다. 이러한 개념이 루터파 교회건축의 새로운 방향을 가져오게 하였고, 나아가 20세기 교회건축을 지지하게 되었는데 중요한 것은 제단 뒤의 벽이 사라지고, 대신 성찬식 때 사제가 그 자리에 서게 되었다.

루터파 교회의 전례운동에 부분적으로 영향을 받은 개혁파 교회의 목사인 에밀 술츠(Emil Sulz)는 갤러리를 없애고, 보다 기능적인 강당홀 교회를 제안하였다. 루터파 및 개혁파 교회의 변화와 로만 가톨릭의 진보적인 부흥은 점진적으로 진행되었으며, 그 결과 세부적인 것은 달라도, 교회건축의 신학적인 기초와 교회건물의 디자인은 점점 유사하여 졌다.

건축적 성과

그리스도인의 예배는 그 시초부터 회중들의 완전한 참여를 전제로 하였으나 중세에 와서 신자들은 피동적이고 수동적인 역할만을 맡았다. 따라서 전례운동의 목표는 무엇보다 모든 신자들이 전례, 특히 미사를 정확히 알고 사제의 기도(제2차 바티칸공의회 이

주 6) 비스바덴 프로그램(1891)에서 베젠마이어(Veesenmeyer) 사제는 설교단은 앱스의 기둥들 중 하나에 기대어 설치되고, 서쪽 끝에 오르간 갤러리가 배열되는 프로테스탄트의 전통적인 긴 장방형 배열에 대한 존중을 철회하였다. 설교단은 그리스도가 회중들에게 영혼의 양식을 주는 곳이기 때문에 제단과 동등하며, 제단 뒤 그 상부에 오르간이 있는 위치에 놓여져야 한다고 주장했다 대안으로 중앙 집중적인 설교 교회를 제안하였다. 40-50년간 계속된 이러한 논쟁은 단순히 미학적인 문제가 아니라 개혁전통과 건축음향적인 요구, 제단, 설교단, 성가대 3자의 신학상의 위계 등 복합적인 것이었다.

전까지는 라틴어만 사용)를 이해하도록 함으로써 전례에 능동적이고 적극적으로 참여하게 하는 것이며 나아가 교회를 내적으로 쇄신하는 것이었다.

이러한 전례의 개념과 내용 변화로 가톨릭성당에서는 잊혀졌던 세례대를 부활하고, 회중석과 제단 사이의 적극적인 관계를 추구하게 되었으며, 이것이 내부공간에 영향을 미쳐 종전의 긴 회중석을 지닌 장방형 평면에서 벗어나게 하였다. 그리하여 정방형 평면이 추고되고 심지어는 원, 타원형, 사다리꼴과 같은 평면까지 시도되었다. 전례의 기능에 성당 건물의 존재의미(raison d'être)를 부여하는 새로운 신학관은 'form follows function' 이라는 근대주의(Modernism)의 이념이 교회건축에서도 합리적인 의미를 지닐 수 있게 하였다.

그러나 양식주의 교회건축에서 벗어나 근대건축이 교회의 적합한 표현방법으로 받아들여지기 시작한 것은 1930년대 이후부터이며(일반적인 현상이 아니라 극히 일부에 불과하지만) 그 전까지는 전례운동은 이론에만 머물러 있었다.[7]

전례운동의 성과를 직접 교회건축에 적용한 사람은 독일의 루돌프 슈바르츠(Rudolf Schwarz, 1897-1961)[8]이다. "건축가의 과제는 전례의 목적에 적합한 건물을 세우는 것이다. 교회건축은 참여의 장소이지 섬김의 장소가 아니다."라고 말한 그는 르네상스 이후 새로운 도상학(Iconography)을 진지하게 연구하고 설계에 적용하였는데 유명한 그의 저서「교회의 화신」(Vom Bau der Kirche)에서 풍성한 시적 이미지와 상징적인 사인으로 6개의 전형적인 교회 평면모델을 제시하였다. 슈바르츠는 "중세인들은 몸(肉身)에 대한 특별한 사고를 갖고 그리스도의 몸을 모델로 하여 교회를 건설하였으나 현대인들은 전혀 사고하지 않고 느낌만을 갖고 있기 때문에 신성(the Sacred)을 볼 수 없다고 주장하였으며[9], 그러므로 일련의 명상과 눈, 그림, 조각, 여러 가지 건물체계들을 통해 그들이 신

주 7) Albert Christ-Janer, Mary Mix Foley, Modern Church Architecture, McGraw-Hill Book, 1980, p.61

주 8) 1897년 스트라스부르그에서 태어나 한스 펠치히(Hans Poelzig) 교수의 베를린 미술학교를 졸업하고, 로마노 구아르디니 신부가 인도하는 로만 가톨릭의 젊은 전례운동 그룹에 참여하였으며, 오펜바하의 미술·공예학교에서 도미니쿠스 뵘(Dominikus Böhm) 의 지도를 받았다. 1927년 아헨의 미술·공예학교의 디렉터가 되었으며, 2차대전 중에는 사알렌드 지역계획에 관여하였고, 전후 쾰른의 도시계획을 맡았으며(1946-1952), 이후 사망할 때까지 뒤셀도르프의 주립 아카데미에서 도시계획을 강의하였다. 2차대전 후 수많은 교회건축 설계를 통해 명성을 날렸으며 1961년 암으로 갑작스럽게 사망하였다. 26개의 교회작품(2개는 오스트리아 소재, 나머지는 독일 소재)을 남기고 있다.

주 9) Rudolf Schwarz, The Church Incarnate, 1958, pp. 10-11

성함(sacredness), 몸(body), 작품(work)의 잃어버린 이해를 재숙지하도록 인도하였다. 슈바르츠의 도상학은 단순하고 기하학적인 형태에 의미를 부여함으로써 만들어지며, 이 의미는 그리스도 생애의 여러 단계와 관련을 맺는다. 또 각 단계는 '그리스도의 몸' 으로서의 순례교회와 유사한 의미를 지니고 있다.

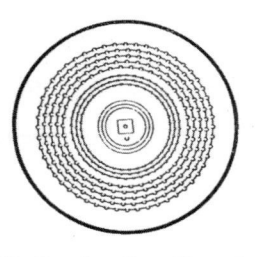

The first plan: *Sacred Inwardness*

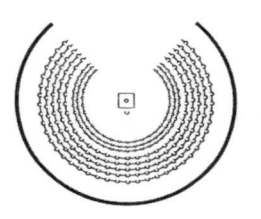

The second plan: *Sacred Parting*

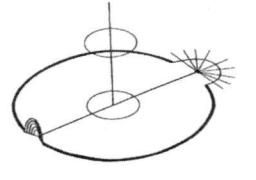

The third plan: *The Chalice of Light*

The fourth plan: *Sacred Journey*

The fifth plan: *The Dark Chalice*

The sixth plan: *The Dome of Light*

그림 1. 루돌프 슈바르츠의 교회모델(*The Church Incarnate*, 1958)

전례운동의 첫 번째 건축적 성과는 1920년대에 시작되었다. 과르디니(Guardini)의 영향을 받은 가톨릭 전례운동의 중심인 쉴로스 로튼펠스(Schloss Rothenfels)성에서 신부 중심의 미사가 신자중심의 미사로 전환되었다. 루돌프 슈바르츠가 참여한 이 성당의 개조는 전례 뿐만 아니라 다양한 집회가 가능하도록 단순하고 검소하게 재배열되었는데 제단의 3면 혹은 제단의 3/4 주변에 공동체 구성원이 모이게 하였다.

1938년 그는 원형과 포물선 형태의 교회평면을 제안하였는데 이는 공동체를 긴밀하게 결속시키고, 제단 가까이 다가오게 할 수 있는 가능성을 보여주었다. 한때 그의 스승이었던 도미니쿠스 뵘 (Dominikus Böhm) 역시 종축형 사각형 평면의 대안을 찾았다. 그는 마틴 베버와 함께 1922년 타원형 평면으로 메스오퍼성당(Meβ opherkirche)을 설계하였으며, 성 엥을베르트 성당(St. Engelbert)에 서는 원형평면으로 공동체 공간을 시도하였다.

그림 2. 메스오퍼 교회
(Meβ opherkirche, 1922)

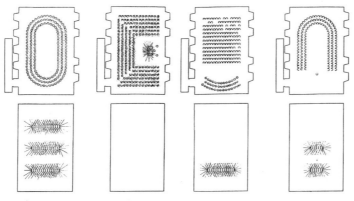

그림 3. 로튼펠스의 공간배열 유형

프로테스탄트 교회에서도 새로운 평면형태에 의한 공동체의 연대와 회중 가까이 제단을 배열하는 노력이 있었다. 앞서 언급한 비스바덴의 교회건축 프로그램(1891)이 있었지만 프로테스탄트 교회에서 새로운 개혁적 변화는 오토 바르트닝(Otto Bartning)이 선도하였다. 그는 그의 저서 『신 교회건축을 향하여』(*Vom neuen Kirchbau*, 1919)에서 공동체의 집회소로서의 교회건축의 의미를 다음과 같이 정의 하였다. "볼 수 있는 공동체의 장소와 공동체의 강한 실체가 교회건축이다. 교회는 단지 집회의 건물이 아니며, 공동사회로 보여지는 형태의 게슈탈트(Gestalt)이다." 바르트닝은 30

개의 평면유형을 제안하였으며, 그의 실제 프로젝트에서 이를 채택하였다.

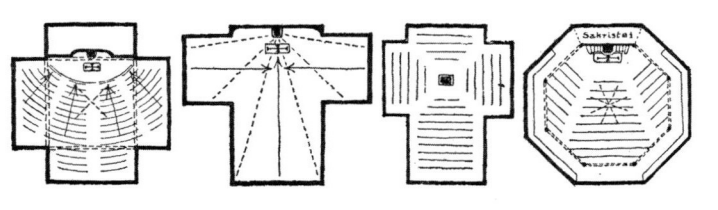

그림 4. 오토 바르트닝의 교회 평면유형 중 일부

그 밖의 여러 유명 건축가들, 피터 베렌스(Peter Behrence), 에릭 멘델존(Erich Mendelsohn), 미스 반 데르 로에(Mies van Der Rohe), 한스 펠지히(Hans Poelzig), 한스 샤로운(Hans Scharoun), 하인리히 테세노브(Heinrich Tessenow)들과 무명 건축가들이 1차대전을 전후하여 다양한 평면형태의 교회를 전시회와 출판물을 통해 제안하였으며, 20년대부터는 실현되기 시작하였다. 당시 교회건축은 파괴된 교회의 재건설 뿐만 아니라 새로운 정신적인 방향의 추구와 갈망, 그리고 시대의 표현이었다. 직사각형 평면의 변형으로서 사다리꼴, 마름모, 포물선 형태로부터 원, 타원형, 삼각형, 십자형 평면이 시도되었다. 기하학적인 것 외에도 불규칙적이고 유기적인 형태들도 나타났다.[10] 20세기 전반에 전개된 교회건축의 새로운 변화양상을 요약하면 다음과 같다.

첫째, 산업혁명 이후에 등장한 철, 유리, 철근콘크리트 등 새로운 재료의 사용에 의한 새로운 구조와 형태의 탐구
둘째, 구조의 명료성, 디테일의 단순성, 장식의 제거, 입체적 형태 등의 기계시대 미학의 적용
셋째, 전례운동의 결과로 다양한 평면형태의 추구
넷째, 1950년대 이후의 현상으로 모더니즘의 단순성으로부터 탈피하여 다양한 표면장식과 스테인드글라스에 의한 감각적 풍요로움의 추구

주 10) 평면의 다양함은 개신교 교회 건축의 경우 가이드 라인의 부재에서 기인하는 바도 없지 않았다.

다섯째, 지난 1세기 간 유럽세계에 거의 표준이 되다시피한 무미건조한 전례미술을 거부하고 당대의 천재적인 예술가의 작품으로 대체함으로써 예술의 후원자로서의 교회부흥[11]

주 11) Albert Christ-Janer, Mary Mix Foley, op. cit., p.82

성미술운동과 그 영향

배경과 전개과정

19세기의 정체된 교회미술에서 벗어나기 위해서는 과거의 기법과 형식을 모방하는데 치중했던 아카데미즘 체제를 극복해야 했다. 1910년대부터 시작한 프랑스의 공방활동[1]은 중세의 길드를 모방한 것으로, 종교 아카데미즘의 미술작품을 쇄신하는데 중요한 역할을 하였으며 이러한 활동을 배경으로 '성 미술운동'이 전개되었다.

'성 미술(L'Art Sacr) 운동'은 1930년대 프랑스 도미니크 수도회의 진보적인 성직자들을 중심으로 그리스도교 미술을 쇄신하고 교회 안에 현대미술을 적극적으로 수용하고자했던 운동을 말한다. 성 미술 운동의 중심인물이었던 꾸뛰리에(Couturier), 레가메(R-gamey), 꼬까낙(Cocagnac)신부는 죠셉 피사르(Joseph Pichard)의 후원으로 「라르 사크레」(L'Art Sacré)[2]를 창간하여 '성 미술 운동'을 이론적으로 뒷받침하였으며, 전후 교회건축과 미술의 황금기에는 성 예술위원회(Commission d'Art Sacré)에서 현대 예술의 옹호자 역할을 하였다.

성미술의 변혁

본래 예술과 종교는 그 발상에서부터 불가분의 관계를 갖고 있다. 양자의 근원적인 모습인 "삶을 하나로 묶어주고 세상을 하나로 보게하는 '달관(達觀)'과 '자아초월(自我超越)'을 통해 전체의 미를 찾는 귀일(歸一)의 부단한 구도(求道)"가 공통되기 때문이다. 그렇기 때문에 과학문명 이전의 문화권, 종교와 예술이 다 우주와 인간의 통합적 의의를 제 나름대로 체득하고 표출하던 그러한 세계에서는 별도의 종교미술을 행하지도 않았거니와 그것을 하나의

주 1) 1910년대부터 시작된 프랑스의 공방활동은 중세의 길드를 모방한 것으로 종교 아카데미즘으로부터 벗어나 가톨릭 전통성의 복원과 함께 그리스도교 미술에 대한 폭넓은 정의와 개인적인 측면 강조, 시대정신 반영을 추구하였다. 성 요한 협회(Société Saint-Jean)의 '성 미술공방(Les Ateliers d'Art Sacré)', '방주(L'Arche)', '제대 장인들(Artisans de l'autel) 등의 공방 활동 들이 있었다.(Joseph Pichard, L'Art Sacré Modern, 1953, pp. 49-50)

주 2) 프랑스 가톨릭 교회에 새로운 미학을 불어넣어준 미술 비평지. 일생을 가톨릭 미술의 후원자로 헌신하였던 죠셉 피사르에 의해 1935년에 창간되어 1969년까지 간행되었으며(2차 대전 동안 휴간), 1937년부터 1954년까지 도미니크회의 꾸뛰리에, 레가메 등이 편집을 맡았다.

문제로 의식하지도 않았다.[3]

주 3) 장익, "종교미술의 어제와 오늘", 『우리와 함께 머무소서』, 천주교 서울대교구 혜화동교회, 도서출판 기쁜소식, 1996, p. 110

그러나 인간과 사물에 내재하는 자율만을 위주로 하는 인본주의, 계몽주의 및 과학주의가 초래한 소위 '세속화' 시대를 맞으면서 예술 또한 '의미'와 '궁극의 추구'를 스스로 버리고 종합 대신 분석과 실험의 길을 걷게 되고, 종교와의 관계는 멀어지게 되었다.

유럽미술사에서 19세기 말에서부터 20세기 초는 급진적인 사회변화 만큼이나 혁신적 운동이 활발하였던 시기이다. 과거의 미술은 복음서의 내용이나, 희랍신화, 인물이나 풍경 등을 사실적으로 묘사함으로써 어떤 이야기를 전달하였으나 이제는 미술에서 '이야기성'을 제거하기 시작하였다.

인상주의에서 시작된 이러한 근본적인 변혁은 그림과 조각에서 순수한 아름다움 자체에 대해 탐구하기 시작함으로써 추상미술에로 변화하게 되었으며, 동시다발적으로 등장하는 여러 사조와 함께 모더니즘(Modernism)을 완성해 가고 있었다. 이제 미술은 종교, 신화, 사회의 풍습 등 모든 내용으로부터 떠났으며 미술가들은 교회로부터 벗어나 마음껏 자유를 누리게 되었다. 반면 종교미술 분야만은 시대정신에 부응하지 못한 채 과거의 양식을 적당히 수용한 절충주의에서 벗어나지 못하였다.

예술이 떠난 교회는 황량한 모습으로 변할 수밖에 없었다. 종교로부터 예술이 완전히 떠나게 된 19세기[4] 이후 처음으로 이러한 침체를 극복하기 시작한 것은 20세기 초 '공방활동'이며 교회 내에서의 적극적인 수용은 1930년대의 '성 미술운동'이었으며 그 첫 시도가 아시의 '은총이 가득한 마리아 성당'(1937-1950)에서 이루어졌다.

'성미술 운동'을 주도한 젊은 도미니크 수도회 신부들은 교회미술과 세속미술을 연결시키기 위해 작가들의 신앙심 보다는 재능

주 4) 19세기 전까지 서양의 모든 예술가들은 그리스도교 안에서 살고 성장하였다. 그러나 18세기 이래로 그리스도교 미술은 무시되고 대부분의 위대한 화가와 조각가들은 더 이상 종교작품에 손을 대지 않게 되었다. 이때부터 교회안의 미술은 재능은 별로 없지만 신앙심이 두터운 작가들에 의해 제작되었는데 이러한 종교미술과 세속미술과의 단절은 프랑스 혁명에 의해 대중미술이 확장된 19세기에 절정을 이루었다.

주 5) 도미니크 수도회의 레가메 신부는 성스러움의 개별적이고 심리적인 면에 대해 인정할 것을 주장하였다. 성스러움은 미의 내적 경험이 이루어지는 마음에서 다양한 방법으로 육화될 수 있기 때문에 추상화가의 종교미술 작품은 비록 그가 신자가 아닐지라도 작가의 내적 표현에서 비롯된 개별적인 성스러움을 가진다고 주장하였다. 반면 종교미술이 존재할 수 없는 탈 그리스도화된 현대문명에서 종교적 믿음과 아무런 관계가 없는 현대미술이 진정한 종교미술이라고 할 수 있는지에 대한 회의도 있다.(정수경, 「앙리 마티스의 방스 로사리오 경당 연구」, 숙명여자 대학교 석사학위논문, 1999, pp. 32-33)

주 6) 르네상스 이후 스테인드글라스가 쇠퇴기에 접어든 것은 16세기 중반에 발견된 에나멜화법의 남용, 유화의 벽화기법 발달, 전쟁과 경제적 궁핍, 종교개혁 등에 기인하였다.

주 7) 1차 대전 후 네델란드에서 시작된 드 스틸(De Stijl)운동은 예술가와 건축가, 그래픽과 산업디자이너 사이의 협력을 통해 응용예술의 모든 분야들이 그룹의 사고에 통합되었다. 주도적 인물인 도에스부르그(Theo van Doesburg)는 스테인드글라스에 열광적이었으며 많은 창을 직접 디자인하였다. 프리커(Johann Thorn Prikker)는 스테인드글라스의 현대적 언어를 창조하였다. 그의 스테인드글라스는 초기에 형상적이었으나 곧 상징주의로부터 벗어나 순수한 추상적 언어에 의해 디자인 되었다. 한 때 재즈나 아르데코의 불안정함과 절충주의에 접근하기도 하였지만 1931년에 제작된 그 유명한 '오렌지(Orange)'는 그의 말기에 전개되고 있던 미니멀리스트의 세련됨을 웅변적으로 보여주었다.

을 우선시 하였다. 동시대 세속미술을 교회 안에 수용한다는 점에서 "성스러움에 대한 논쟁"(Le Débat du Sacré)의 대상이 되기도 하였지만[5] 결과적으로는 추상미술이 성스러움을 표현하는데 적합한 양식으로 인정받을 수 있게 되었다.

또한 르 꼬르뷔지에에서 비롯된 '미술의 종합'(synthèse des arts)이라는 새로운 개념에서 건축 내에 조형미술을 종합함으로써 교회건축에 현대미술을 적극 수용하기 시작하였다.

스테인드글라스의 부활

유리를 매체로 하여 빛과 색을 종합시킨 스테인드글라스는 그 시작부터 건축적인 예술이자 종교적인 예술이었다. 고딕건축이 이룩한 천상적 · 영적인 공간은 바로 스테인드글라스가 연출하는 신비스런 색광에 의해 달성된 것이었다. 그러나 근세 들어 스테인드글라스에 회화예술을 부과함으로써 그 생명력을 잃고 차츰 쇠퇴하여져서 거의 잊혀졌다.[6]

그러다가 19세기 고딕 리바이벌을 통해 예술과 장인의 연대 속에 부활되기 시작하였다. 일찍이 철학자 헤겔이 "빛이야말로 인간 내면의 세계를 표현할 수 있는 가장 적합한 요소이다."라고 했듯이 초월적이고 신적인 세계를 표현해내고자 하는 교회건축에 있어서 신비스런 색광을 연출하는 스테인드글라스는 다시 그 잠재력을 증명한 것이다. 더구나 유리는 드 스틸(De Stijl)[7]과 아르누보를 위한 이상적인 매체였기 때문에 아르누보와 관련된 훌륭한 디자이너들이 스테인드글라스에 손을 댄 것은 당연한 일이었다.

20세기를 맞이하면서 유리화는 보다 다양화되고 일반화되기 시작하였다. 이른바 아르누보 작가들에 의해 가정과 은행, 철도역, 식당 등에 이르기까지 광범위하게 설치되기 시작하였으며 천창의 소재와 기법, 디자인 주제에 있어서도 괄목할 만한 변화를 가져왔다. 스코틀랜드의 건축가 매킨토시(Mackintosh), 오스트리아의 모제(Koloman Moser), 벨기에의 빅토르 오르타(Victor Horta), 앙리 반 데 벨데(Henri van de Velde), 스페인의 가우디(Antoni Gaudi)도 그가 설계한 건물에 스테인드글라스를 직접 디자인 하였다.

그러나 근대건축운동(Modern Architectural Movement)이 결과적으로는 건축에서 예술을 배제하는 상황을 초래하였기 때문에 건축 콘텍스트와 유리되었다. 20세기 전반 스테인드글라스가 다시 그 생명력을 되찾게 된 것은 프랑스, 독일, 영국의 공헌[8]이 큰데 그 중 교회건축에 있어서는 '성미술 운동'이 큰 역할을 하였다.

1937년 교회의 스테인드글라스 예술은 세속적인 예술로부터 큰 도움을 받을 수 있다고 확신한 도미니크수도회의 꾸뛰리에(Couturier)신부는 프랑스 동부 스위스 국경지역의 아시(Assy) 성당의 창을 위해 많은 화가들을 초대하였다. 그 중에는 레제(Fernand Léger), 마크 샤갈(Marc Chagall), 죠르지즈 루오(Georges Rouault) 등이 있었다. 당시 젊은 루오는 스테인드글라스 공방에서 수련하였는데 그곳에서 그의 작품의 특징인 두터운 흑색 윤곽선 기법을 흡수한 것이다. 아시의 실험은 너무 개성적인 여러 작가의 다양한 양식 때문에 반드시 성공하였다고는 볼 수 없지만 화가와 공방과의 협동적인 토대가 마련되었다는 점에서 중요한 의미가 있었다. 또한 베통 글라스(Beton-glass)라는 새로운 매체의 사용과 전후 정부와 교회의 후원에 힘입어 단순한 입방체의 현대성당을 풍부한 상징성과 전통성으로 채울 수 있었다.

부드러운 내면과 외면이 불규칙하게 깎여져 있는 유리는 온종일 변화하는 태양광선을 끌어들여 풍부한 공간을 연출할 수 있었다. 1920년대 말에서 30년대 초 프랑스에서의 이러한 베통 글라스(Beton-glass), 달 베르(dalles-verres), 또는 모자이크 유리의 발전은 납틀(lead came)로 고정시킨 스테인드글라스의 전형적인 얇고

주 8) 프랑스는 현대화가들의 실험적인 작업을 통해 성당건축에서의 회화와 스테인드글라스의 훌륭한 결합을 이루었고, 독일에서는 2차 대전 후 공방운동을 통해 스테인드글라스의 건축적 성격을 부활하였으며, 2차 대전후 영국에서는 비종교건축에서 독일의 건축적인 아이디어와 회화적인 전통을 결합하여 새로운 언어를 창조하고 있다.(현대 유럽의 스테인드글라스에 대해서는 졸고 "건축공간에 있어서의 새로운 빛의 연출"「대한건축학회지」제36권 제5호 통권 168호, 1992. 9, pp.38-44 참조)

그림 1. 루오작(아시성당)

그림 2. 샤갈작(아시성당)

납작한 창유리보다 더 생동감이 있게 벽을 풍부한 색채와 강렬한 빛의 보석처럼 빛나게 하였다.

건축적 성과

아시의 은총이 가득한 마리아 성당
(Notre-Dame de Toute Grâce, Assy, 1937-1950)

그림 3. 아시성당(1950)

주 9) 이 성당은 데베미(L'abbé Devémy)신부의 지휘하에 건축가 모리스 노바리나(Maurice Novarina)의 설계로 1937년부터 시작되었는데 주 재료인 이 지역에서 산출되는 녹색 화강암과 회색 대리석이 주변과 조화를 이룰 뿐 목조 지붕의 박공만을 지지하고 있는 육중한 정면 열주와 스케일이 맞지않는 과대한 종탑 등 오히려 외관이 어색하고 불편한 건물이다. 그러나 당대의 위대한 예술가들이 성미술과 장식을 도맡아 교회건축에서 이루어진 현대미술의 종합으로서 유명하다. 1950년에 축성되었다.

프랑스 동부 오트-사보아(Haute-Savoie) 지방의 스위스 국경 몽블랑 근처의 작은 산골마을 - 플라토 다시(Plateau d'Assy) - 에 위치한 이 성당은 스위스 산악지역의 전통가옥인 샬레(chalet)를 모방한 것으로 건축적으로는 그다지 뛰어난 건물이 아니다.[9] 그러나 도미니크회 꾸뛰리에(Couturier)신부의 후원하에 앙리 마티스, 조르지즈 루오, 마크 샤갈 등 당대의 위대한 예술가들을 초청하여 성미술과 장식을 하게 함으로써 현대 종교 박물관을 방불케 하는 걸작을 만들게 된 것이다.

1937년 건축을 시작한 데베비 신부(L'abbé Devémy)는 1939년 꾸뛰리에 신부와 함께 파리 프티 팔레(Petit Palais)에서 열린 조르지즈 루오와 에베르 스테벵의 스테인드글라스 전시회를 보고 위대한 작가들을 아시로 초청할 것을 제안하였다. 아시성당에 참여한 예술가들은 대개 1940-50년대의 현대 예술가들이었는데 그들에게 충분한 상상력을 발휘할 수 있도록 모든 권리와 자유가 주어졌다.

이 성당의 구조는 배랑 입구에서부터 특이한데 여섯 개의 육중한 돌기둥이 배랑의 지붕을 떠받치고 있다. 정문 위쪽 벽면에는 페르낭 레제(Fernand-Léger)의 모자이크로 장식되어있는데 152㎡에 달하는 넓은 면적에 마리아상을 중심으로 8개의 성모호칭 기도가 기록되어 있어 이 성당이 성모님께 봉헌되었음을 알려준다.

성당 내부는 전통적인 삼랑식으로 넓은 네이브(5베이 X 5베이)에 비해 양 아일(1베이 X 5베이)이 상대적으로 작아 회중석 공간은 거의 정방형에 가까우며, 제단부는 8개의 소기둥이 아치 상부 벽을 떠받치고 있는 반원형 앱스로 이루어져 있으며, 좁은 아일의 끝에는 소제대가 놓여있다. 성당 내부로 들어서면 우선 제단 후면 벽에 걸린 장 뤼르사(Jean Lurat)의 거대한 타피스트리가 내부공간을 압도하는데 요한 묵시록 12장의 해산의 진통을 겪는 여인과 용의 모습을 격정적이면서도 낭만적으로 표현하고 있다. 제단에 세운 제르맹 리시에(Germaine Richier)의 청동 십자고상은 불에 탄 나무껍질의 모양으로 전후 유럽인들의 고통을 표현하였다. 좌측 아일에는 앙리 마티스(Henri Matisse)의 성 도미니크상을 단순한 수묵선으로 표현한 타일벽화와 그 앞에 죠르즈 브라크(Georges Braque)가 조각한 청동 감실문이 있고, 우측 아일에는 뽈 보나르(Paul Bonnard)의 '성 프란시스' 벽화가 있다. 입구 고해실 옆에는 쟈크 립시츠(Jacques Lipchitz)의 성모와 성령 조각이 있으며, 세례당 벽에는 '홍해의 횡단'을 주제로 한 마르크 샤갈(Marc Chagall)의 세라믹 작품이 있고 그 앞에 시뇨리(Signori)가 조각한 대리석 세례대와 부활초가 놓여있다.

이 성당의 모든 창은 다양한 기법의 스테인드글라스로 장식되었는데 죠르즈 루오(Georges Rouault), 장 바젠(Jean Bazaine), 뽈 베르(Paul Berot), 뽈 보니(Paul Bony), 모리스 브리앙송(Maurice Briançon), 아들린 에베르 스테벵(Adeline Hebert Stevens) 꾸뛰리에(M.A. Couturier)신부, 마로그리트 위르(Marguerite Hure), 마르크 샤갈(Marc Chagall) 등이 참여하였다.

그 밖의 작품으로 테오도르 스트라빈스키(Theodore Strawinski)의 지하 경당 제단 모자이크, 콩스탕 드메종(Constant Demasion)의 천장 보 조각, 키노(Kyjno)의 지하 경당 최후만찬 그림, 클라우드 마리(Claude Mary)의 지하경당 십자가와 감실 등이 있다.[10]

주 10) Albert Christ-Janer, Mary Mix Foley, Modern Church Architecture, McGRAW-HILL Book Company, pp.84-87

그림 4. 성당입구 배랑

주 11) ibid., p. 85

그림 5. 성당내부

주 12) Notre-Dame de Toute Grâce; Plateau d' Assy (Haute-Savoie), Editions Paroissiales d' Assy, 1993. (정수경, "앙리 마티스의 방스 로사리오 경당 연구"에서 재인용)

이 성당의 예술작품은 어느 것도 예쁘거나 달콤한 것은 아니지만 대신에 강렬하고 진취적이고 위풍당당하고 빛난다. 그것들은 보는 사람으로 하여금 굉장한 감정의 힘을 느끼게 하는데 달콤한 조각상과 스테인드글라스에 익숙한 사람들에게는 자제력을 잃을 정도로 충격을 준다. 오늘날 우리들은 예술의 통합에 익숙하지 않기 때문에 아시성당의 작품들은 처음엔 꽤 오해를 받았을 것이다. 그러나 깊게 살펴보면 이들 작품들은 상징을 통한 성서적인 표현과 엄숙함에 얼마나 적합한 가가 드러난다.[11]

아시성당의 장식과 성미술을 주도한 꾸뛰리에 신부는 "우리의 믿음과 신을 위해 이 시대의 가장 훌륭한 예술을 창조하는 것이 우리의 의무"임을 확신하였다. 그는 「아시의 교훈」(*La Leçon d' Assy*)에서 다음과 같이 평가하고 있다.

"……산 속에 위치한 이 성당이 어떻게 이처럼 세계적이고 갑작스런 영광을 얻게 됐을까? 이것이 걸작품이기 때문인가? 아니다. 하지만 올바른 생각을 태어나게 했기 때문이다. 즉 교회미술에 생명을 불어넣기 위해 '살아있는' 미술의 대가들에게 도움을 청하고 있다는 점이 바로 모든 이들의 관심을 끌고 있는 부분이다. ……우리가 아카데미즘과 결별한 것은 그 곳에 어떤 정기도, 진정한 재생의 씨앗도 없기 때문이다.

우리가 아카데미즘에서 독립적인 대가들에게 도움을 청한 것은 유행에 따라 그들의 유명세를 이용하려고 한 것이 아니라, 그들의 예술이 살아있었기 때문이며 그 안에서 생명감, 그들의 재능, 그리고 가장 위대한 가능성이 넘쳐흘렀기 때문이다."[12]

아시 성당은 너무 많은 개성적인 작가들의 작품이 한 곳에 모여 있어 통일감이 결여되고 전체적인 전례분위기를 오히려 반감하는 아쉬움을 남겼지만 교회건축 안에서 이루어진 현대미술의 종합을 잘 보여주었다.

오댕꾸르의 성심 성당
(L' Eglise du Sacré-Coeur, Audincourt, 1951)

프랑스 동부 몽벨리아르(Monbéliard) 근처 작은 자동차 공업도
시 오댕꾸르에 지어진 성심성당은 아시성당과 여러모로 관련이 있
다. 같은 건축가에 의해 같은 살레양식으로 지어졌는데 완전한 콘
크리트구조로 보다 단순한 형태이다. 장방형 평면의 전면에 나르
텍스가 있고 나르텍스 왼쪽끝에 원형의 세례당이 있으며 우측에는
고백소가 있고 제단부 뒷벽은 둥근 곡면을 하고 있다. 제단 뒤에
제의실이 있다.

그림 6. 오댕꾸르 성당 전경

성당의 파사드 문 상부를 바젠(Bazaine)의 비구상적인 모자이크
로 장식하였으며, 기둥이 없는 단순한 평면의 내부공간에는 레제의
스테인드글라스를 통해 다채로운 빛이 자유스럽게 투영되고 있다.
입구 세례당의 벽면은 차가운 색과 따뜻한 색의 조화로 이루어진 추
상적 모티브의 스테인드글라스로 장식되어 있다. 콘크리트에 직접
유리를 끼워서 만든 스테인드글라스 기법-beton glass-은 유리를
통해서 들어오는 빛을 보다 풍부하게 만들어주고 있으며, 세례당에
서 새로운 생명을 얻는 기쁨과 자유로움을 형상화 하고 있다. 레제
의 스테인드글라스는 아시와 달리 강한 통일성을 주고 있다.

그림 7. 제단

주 13) 로사리오 기도서는 15세기부터
질병치료와 관련되어 인기가
있었고, 로사리오 경당 지붕의
푸른색은 고요, 안식, 건강을
나타내는 것으로 이 경당이 병
자들을 수호하고 있음을 나타
내고 있다.

방스의 로사리오 경당
(Chapelle du Rosaire, Vence, 1947-1951)

프랑스 남부 니스(Nice)부근의 방스 경당은 20 여명의 도미니크 수
녀회 수녀들을 위한 경당인 동시에 폐결핵으로 고통받는 여성 환자
들을 위해 지어진[13] 34.4평에 불과한 아주 작은 경당이다. 건축설계와
성물 및 세부장식까지 모두 마티스가 직접 제작 또는 관여하였다.

신자가 아니었던 야수주의 화가 앙리 마티스(Henri Matisse,

그림 8. 방스경당 전경

1869-1945)가 방스경당의 건축설계와 성미술 모든 것을 하게 된 것은 그가 병상에 있던 1942-3년 후에 도미니크회 수녀가 된 당시 그의 간병인이었던 모니크 부르주아(Monique Bourgeois)의 만남에서 비롯되었다. 그녀는 마티스에게 종교적인 영감을 불어넣어주었으며, 방스 수녀원 건축에 그를 초대하였고, 꾸뛰리에 신부와 레시기에 수사가 후원과 조언을 하였다. 마티스는 건축 평면에서부터 스테인드글라스와 벽화, 종탑, 제대 십자가, 감실, 성합, 독서대, 성수대, 사제석, 성체등, 제의까지 디자인 하였다.

주 14) 엄밀하게 보면 두 개의 네이브를 겹쳐놓은 십자형태이다.

주 15) 정수경, 전게서, p. 37

전체 평면은 ㄱ자형[14]으로 한쪽은 수녀석, 한쪽은 일반 신자석이며 중앙 결절점에 사선방향으로 제대가 놓여 양쪽을 동시에 바라볼 수 있게 하였다. 벽면에는 3개의 벽화와 이에 대응하는 3개의 스테인드글라스로 장식되어 있다.

그림 9. 방스경당 내부

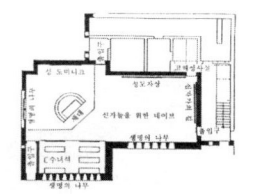

그림 10. 방스경당 평면도
(정수경 책에서 전재)

사실적인 세부묘사가 제거되고 단순화된 형태와 순수한 색만으로 이루어진 이 작은 공간에서 마티스가 추구한 것은 색과 형태의 균형을 통한 무한한 공간(un espace infini)이었다. 여기서 말하는 무한한 공간은 차원의 인식이 뚜렷하지 않은 공간인데 중심이 상실된 듯한 평면과 함께 빛으로 벽면을 채색함으로써 3차원의 건축적 공간과 2차원의 회화적 공간의 경계를 모호하게 만들고 있다.[15]

방스성당은 위대한 비신자 예술가에 의해 전체가 계획되고 실행된 단순하고 비구상적이면서도 전통에 바탕을 둔 편안하고 영적인 현대교회 건축이라 할 수 있다.

롱샹의 '언덕위의 성모성당'
(Notre-Dame du Haut, Ronchamp, 1953-1955)

그림 11. 롱샹성당(1955) 조감

꼬르뷔제의 너무나 유명한 롱샹성당도 도미니크회의 '성미술운동' 과 연관이 깊다. 어쩌면 20년간의 성미술 운동의 결정판이라

할 수 있다.

고대로부터 신앙의 장소였고 중세 초기부터는 그리스도교의 성소가 되었던 롱샹(Ronchamp)[16]의 언덕에 많은 장애가 있었음에도 불구하고 비신자인 꼬르뷔제가 순례성당을 설계하게 된 것은 도미니크회 꾸뛰리에 신부의 제안과 후원에 의해서였다. 꼬르뷔제는 꾸뛰리에 신부와 교분이 있었으며 그로부터 많은 자극을 받았다.[17]

대지의 가장 높은 곳에 성당을 동서축으로 놓고, 성당 남동쪽 진입부에 순례자용 숙소, 서측에 관리자 숙소를, 대지의 동북측 모서리 경계선에 프랑스 레지스탕스를 추모하기 위한 계단형의 피라미드를 두고, 동쪽 외부공간을 옥외 미사공간으로 배치하였다. 롱샹 성당은 르 꼬르뷔제의 다른 프로젝트와 달리 건물과 경관을 통합하는 문제를 처음부터 고려하였으며, 특히 건물의 접근과정에서 전개되는 시각적인 변화를 중요시하였다.

평면은 단일공간을 구성하는 부등변 4변형의 네이브가 비대칭적으로 배치되어 있으며, 비스듬하게 오목한 면과 볼록한 면이 벽에 의해 에워싸여 있다. 이 특이한 네이브 평면은 폭이 11-13m이고 길이가 26m인데, 뒤에서부터 앞쪽 가장 넓은 제단 쪽으로 열려 있어 모든 예배자들이 제단에 쉽게 접근하도록 고무한다. 더욱이 제단의 바닥은 한 단만 높을 뿐 개방되어 있으며, 어떠한 성가대 의자의 분리도 없다. 이러한 배열의 결과로 성찬식의 친밀하고 통일적인 분위기가 만들어진다.

부속 공간들로서 북측벽을 따라 2개의 작은 알코브 형태의 채플과 제의실이 있으며, 남측벽에는 뒤편 출입구 옆에 보다 큰 알코브형 채플이 있다. 안으로 움푹 들어간 남측 주출입문은 중앙의 피벗힌지(pivot-hinge)로 회전하는 한 판의 큰 패널 문으로 순례자들의 행렬시 완전히 열린다. 그리고 또 하나의 출입구(상시 이용)가 북측면에 있는 두 개의 작은 채플 사이에 자리잡고 있다.

주 16) 독일, 스위스 국경에 근접한 알사스 로랜(Alsace Larraine)지방의 작은 마을로 성당이 위치한 가파른 언덕은 로마시대부터 천연의 요새였으며, 독·불 간의 수많은 전투에서 천연적인 군사 보루가 되었기 때문에 수차례 피격되었다. 1944년 네오 고딕양식의 성당이 전쟁의 피격으로 파괴되었다.

주 17) 꼬르뷔제는 젊은시절 1907년과 1910년 피렌체 근교 가르초의 에매(Ema)의 사르트르 수도원을 방문하였는데 여기서 공동생활에 대한 이상적인 모습을 발견하고 큰 감명을 받았다. 후일(1948년) 꾸뛰리에 신부에게 가르초의 여행에서 그의 인생 방향이 결정되었다고 고백할 정도로 교분이 두터웠다. 그는 일생을 통해 7개의 교회 프로젝트를 하였는데 그중 롱샹성당과 라 뚜렛(La Tourette) 수도원이 완전히 실행되었고, 피르미니 베르(Firminy Vert) 성당은 1층 골조만 올라간 상태에서 중단되었다. 그 외 트랑블레 성당 계획안(1929), 라 생뜨 봄 계획안(1945-51), 델가도 기념성당 계획안(1951), 볼로냐 교회 계획안(1963) 등이 있었다.

그림 12. 롱상성당 정면

그림 13. 롱상성당 내부

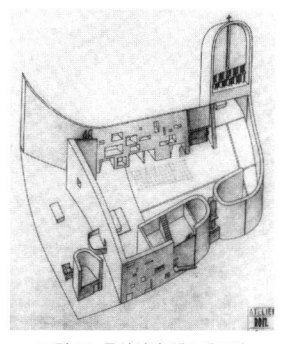

그림 14. 롱샹성당 액소메트릭

그림 15. 성모승천 축일의
야외미사 광경

그림 16. 채플상부 천창

그림 17. 성당 배면

성당 내의 동선은 특이한데, 장궤의자는 남측벽을 따라 한 줄로만 놓여있고, 뒤편과 북측에는 비워 두었다. 이 비워진 공간은 예배자 수가 좌석수를 넘칠 때나 3개의 채플에 접근하는 통행로로 사용된다. 이 성당은 순례성당이기 때문에 좌석은 불과 50석이지만 빈 공간까지 해서 모두 200명은 수용할 수 있다. 부속 채플은 개인이나 소규모의 순례자 그룹들에 의해 사용되며 대규모 순례자들을 위한 예배는 옥외공간에서 정기적으로 열린다. 이 야외 제단은 내부의 주제단과 등을 맞대고 넓은 풀밭을 향해 열려 있는데 10,000명 정도의 순례자들이 미사를 드릴 수 있다. 성당의 정면 벽과 측면 벽 사이의 남쪽으로 나 있는 제3의 작은 문을 통해 내부 제단과 외부 제단이 바로 연결된다.

성당의 내부는 오묘한 공간 볼륨과 함께 남측벽의 창을 통해 들어온 색광에 의해 복합적이고 신비스런 공간을 빚어낸다. 내외관의 조각적 형태는 콘크리트의 가소성을 한껏 드러내면서 곡면의 건축적 매스가 강조되고 있는데 지금까지 근대건축의 이름으로 지어진 건물 중 가장 조형적인 건물로 평가되고 있다.

롱샹성당은 비평가들로부터 여러 가지 의미로 해석되어 왔는데 그 수많은 해석의 공통점은 기존의 '신건축 5원칙'과 순수주의를 비롯한 수많은 르 꼬르뷔지에 자신의 발언과 근대건축 이념 즉 합리주의로부터 이탈하였다고 보는 것이다. '발언과 창작 사이의 이중성', '이론과 작품 사이의 불일치', '직관과 비합리적인 비약' 등으로 오해되기도 하나 강렬한 조소적 형태는 그의 천재적인 예술성 뿐만 아니라 대지와 주변 맥락에 대한 깊은 탐구와 풍부한 체험, 다양한 정보의 산물로 해석될 수 있다.

'성미술 운동'과 연관된 다른 교회건축에 비해 예술가들과의 협동작업 보다는 건축가 개인의 창작에 의해 달성된 롱샹성당은 현대 종교건축의 빛나는 '선언'으로 우뚝 서있다.

표현주의

1910년대부터 1920년대 말에 걸쳐 독일을 중심으로 표현주의[1] 예술운동이 등장하였으며 교회건축에 큰 영향을 주었다. 표현주의의 기본적인 성질은 인간의 내면표출에 예술의 근거를 두었으며 동시에 19세기 후반 서구근대사회가 만들어낸 여러 모순들에 대한 저항을 미적 실천을 통해 수행하려한 것이었다. 표현주의자들의 유토피아 추구는 사회 뿐만 아니라 그리스도교 세계에서도 전개되었다.

독일 표현주의 건축은 역동적이고 조소적인 형태를 추구하거나 수정체 즉 유리 결정체를 통해 유토피아를 추구하였는데, 수정체로 상징된 신비스런 빛의 이미지가 교회건축에 즐겨 채택되었다. 특히 새로운 차원의 감성을 발견하고 인지학(人智學)을 창조한 루돌프 스타이너(Rudolf Steiner, 1861-1925)의 '원형(原形)'에 대한 건축적 실험은 영성과 공동체 표현의 문제를 형태에서 다루기 시작한 교회 건축가에게 많은 영향을 미쳤다. 그는 건축가는 아니지만 그의 신비스런 철학을 표현하는 건축을 추구하였는데 스위스 도나흐(Donach)에 세운 괴테아눔(Goetheanum, 1925-1928, 괴테에 헌정한 사원)은 괴테의 변형이론에 근거한 패턴에 의해서 다양하고 신비스런 조각적인 건축형태를 보여주었다.

오토 바르트닝(Otto Bartning)은 '교회 공동체의 자연적인 표정'을 표현하기 위해 오로지 복음과 교회건축에만 몰두하였는데 1919년에 발표한 '별의 교회 계획안'은 주목을 끌었다.

별의 교회 계획안
(Sternkirche, 1919)

프로테스탄트 교회건축의 지도자인 오토 바르트닝(Otto Bartning, 1883-1959)은 교회를 정신화 함으로써 사회의 정신화를

그림 1. 괴테아눔(1913-1920)

촉진할 수 있다고 믿었으며, 프로테스탄트 예배의 중심인 설교뿐만 아니라 감성에 의한 정신화를 강조하였다. 그가 1919년 계획한 별의 교회는 고딕양식을 기반으로 한 별모양의 평면(원에 가까운 다각형)에 뾰죽 아치형의 리브로 된 7개의 격납고 형태의 지붕을 만들고 중심에 설교단과 제단을, 그리고 그 둘레로 원형극장 형태의 회중석을 배치한 집중형 교회당이다.

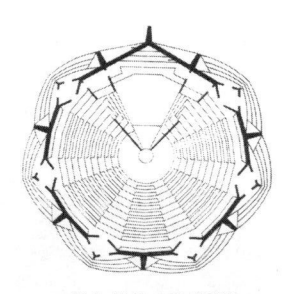

그림 2. 별의 교회 계획안
(오토 바르트닝, 1919)

그림 3. 별의 교회 계획안 단면투시도

이 교회의 특징은 설교단에 있다. 프로테스탄트 교회의 오랜 문제 중의 하나는 제단에 대한 설교단의 위치문제이다. 바르트닝은 하나의 공간 안에서 제단과 설교단을 모두 해결하려는 뛰어남을 보였는데 제단을 한쪽 모서리에서부터 중심까지 연장시키고 연장된 부분의 끝에 제대를 배치하고 그 바로 아래 회중석의 중심에 설교단을 배치한 것이다. 즉 회중은 한 공간 안에서 한 점을 중심으로 통합된 설교단과 제단을 향하게 되어 하나의 공동체를 이루게 된다. 또한 설교단은 모두의 시선을 방해받지 않도록 낮추어져 있고 회중석의 바닥은 설교단을 향하여 경사가 이루어져 있다. 그리고 제단은 높여져 있어 마치 산 위에 우뚝선 듯한 중심이 됨과 동시에 순례지에 대한 은유를 나타내고 있다. 캐노피, 보울트, 기둥은 하늘을 상징하며 제단은 땅의 연장을 의미한다.

그림 4. 부활교회(1929-1930)

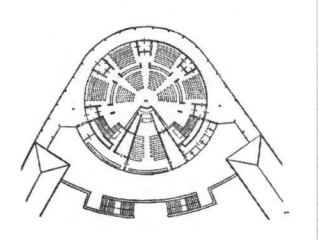

그림 5. 부활교회 평면도

7개의 공간을 구획하는 구조적인 리브들은 양쪽의 공간 영역이 다 건너다 보이도록 걸쳐져 있으며, 이 리브들은 고딕정신을 새롭게 해석한 것으로서 힘의 흐름을 복잡하고 우아한 기하학에 따라 표현하고 있다.

바르트닝의 '별의 교회' 개념은 이후 에센에 지어진 부활교회 (Auferstehungs-Kirche, Essen-Ost, 1929-30)에서 현실화 된다. 3층의 원형탑 형상의 건물로 합리주의적인 엄격성을 지니고 있으며 '별의 교회 계획안'이 지녔던 신선함은 존재하지 않는다.

그림 6. 부활교회 단면도

성 레오폴드 교회
(Leopold-Kirche, Wien, 1907)

과거의 양식으로부터 분리와 해방을 주장했던 오토 바그너의 대표적인 교회작품인 성 레오폴드 교회당은 외부와 내부에 부분적인 아르누보풍의 장식이 있긴 하지만 단순하고 기능적인 평면에 밝은 내부공간을 추구한 탈 양식의 초기 모더니즘의 교회건축이다.

그림 7. 성 레오폴드교회(1907)

성 레오폴드 교회당은 정신병원이 있는 결핵 요양소의 부속 예배당으로 비엔나 서쪽 외곽 비엔나 숲의 경사진 언덕에 빛나는 왕관처럼 자리잡고 있다. 평면은 주출입구 현관을 포함해 그리스 십자형으로 내부공간의 분절이 없는 단일한 공간으로 가운데 큰 중심 위에는 바로크 풍의 돔이 올려져 있다. 회중석은 4열로 되어 있으며 환자가 발생하였을 때를 대비하여 교회의 양쪽 면에 분리된 문을 설치하고 응급실과 화장실을 지하에 두었다. 내부의 흰색마감과 많은 빛을 유입시키는 콜로만 모세(Koloman Moser)의 밝은 스테인드글라스로 인해 내부는 매우 밝다.

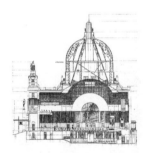

그림 8. 성 레오폴드 교회 단면도

모자이크와 철제장식 세공, 샹들리에 등은 비엔나풍인데 천사상들이 장식된 동으로 된 천개(天蓋)는 제단을 돋보이게 하며, 이런 천사상은 정면 주출입구 상부의 4개의 기둥 꼭대기에도 장식되어 있다. 황금빛으로 빛나는 정면 지붕 위의 쌍둥이 탑에는 성자의 상이 올려져 있어 장엄한 이 교회당을 더욱 기념비적인 모습을 갖게 하는데 마치 그 아래 펼쳐진 비엔나시의 신화를 연상케하는 시적인 장관을 이루고 있다.

그림 9. 성 레오폴드 교회 내부

그룬츠뷔 교회당
(Grundtvig' Church, Copenhagen, 1913-1940)

유럽 본토와 스칸디나비아의 다른 지역을 연결하는 덴마크는 항상 세계문화와 연결되어 있음에도 불구하고 건축에 있어서 보수적인 성향을 띠고 있다. 그것은 반동적인 것이라기 보다는 새로운 것을 신중하게, 비판적으로 채택하고 그들의 풍경이나 기후 관습 등을 건축에 적용함으로써 그 독자적인 특성을 갖게 된 결과이다. 덴마크인들은 그들의 수공예의 전통을 바탕으로 단순한 질서, 자연적 프로포오션, 리듬 등에 대한 그들의 감각을 처음에는 목조가옥을 통하여 나중에는 제국시대의 모듈에 의한 벽돌 건축을 통하여 발달시켰다. 세기의 전환기에는 아르누보, 유겐트스틸과 핀란드 민족 낭만주의에 대한 건축가들의 반발이 너무나 강해서 학생들이 그러한 양식의 디자인을 공부하는 것이 금지되기도 하였다. 1,2차 대전 사이 덴마크 건축은 국제주의 양식에 빠져들지 않고 신고전주의에서 바로 비논쟁적이고 비호전적인 근대주의로 넘어갔다.

그러한 과정에서 풍토적인 벽돌 양식의 확고한 전통을 확립한 건축가 중의 한 사람이 그룬츠뷔 교회당을 설계한 피터 빌헬름 옌센 클린트(Peter Vilhelm Jensen Klint, 1853-1930) 이다.

옌센-클린트는 처음엔 공과대학에서 건설 공학을 공부하였으나 대학 졸업 후 왕립아카데미에 들어가서 화가가 되었다가 다시 그의 예술표현의 매개물로서 건축을 택하였다. 그의 사상은 신학자이며 시인인 그룬츠뷔(Nikolai Frederik Severin Grundtvig, 1983-1872)의 철학과 그룬츠뷔 민속 고등학교에 깊은 뿌리를 두었다. 대학에서 그는 스승으로부터 특히 볼륨의 조각적인 맥락과, 재료 성질의 솔직한 표현, 장인정신의 중요성을 배웠다. 그는 장인의 영향력이 사진과 책으로부터만 지식을 습득한 아카데믹한 건축가의 선호로 인해 쇠약해지고 있음을 보았다. 그는 "건축을 다시 민중에게 돌려주고" 중세의 그것에 비교되는 "건축과 장인술은 하나가 되어야 하며, 건축가는 전통을 창조하는 반면 장인은 그것을 지키고 개선한다." 그는 아카데믹한 신고전주의의 추상성과 페인트와 프라스터에 의한 그것의 적용을 혐오하였다. 그는 스스로를 석공장(master mason)이라 불렀으며 건축을 "건물문화"로 부르길 좋아했다. 그의 가장 중요한 작품이 바로 전형적인 덴마크의 지방교회를 거대하게 표현주의로 의역한 그룬츠뷔 교회당(Grundtvig's Church 1918-1940)이다.

그림 10. 그룬츠뷔 교회당
(1913-1940)

코펜하겐에 위치한 그룬츠뷔 교회당의 설계는 아마도 1913년으로 소급되나 완성은 그가 죽은 후 그의 아들 카알 클린트(Karl Klint)에 의해 1940년에 이르러 겨우 이루어진다.

평면은 전형적인 3랑식으로 정면입구 나르텍스와 10개의 회중석 베이(bay), 그리고 5각의 앱스(apse)로 구성되고, 5번째와 6번째 베이의 아일(aisle) 바깥으로 엑소르 아일이 부가되어 전체적으로 라틴 십자가형을 이루고 있다. 첫 번째와 두 번째 베이의 상부에 그 유명한 기념비적인 탑이 솟아 있다. 민족주의인가? 표현주의인가?의 논쟁을 불러일으켰던 이 탑은 한자도시에 많은 전통적인 계단식의 박공형을 활용한 것인데 동시에 거대한 오르간 형태를 표현하고 있다. 이 계단상의 박공은 시종일관 그의 작품의 표현요소를 이루고 있는데 이 교회 주위에 1926년에 건설한 휴먼 스케일의 벽돌과 타일로 된 가구(街區)형식의 집합주택에서도 보여진다.

그림 11. 그룬츠뷔 교회 내부

정면 파사드와 탑이 거의 미적인 고려에 의해 이루어진 반면 다른 부분은 기능적인 요구를 충족시키고 있다. 타일과 벽돌의 정교한 시공은 역사적인 양식의 정확성에 몰두하고 억제되었던 그와 그의 아들의 장인적인 기질에서 연유한다.

그림 12. 그룬츠뷔 교회 단면도

루돌프 슈바르츠와 도상학

루돌프 슈바르츠(Rudolf Schwarz, 1897-1961)의 생애

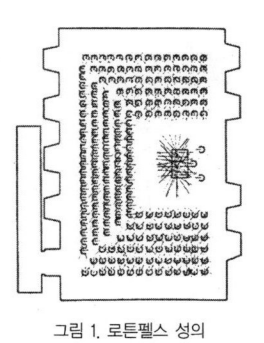

그림 1. 로튼펠스 성의 '기사홀' 의자배치의 한 예

유럽의 가장 위대한 교회 건축가중 한 사람인 슈바르츠는 1897년 당시 독일 영토였던 스트라스부르그(Strasbourg)에서 태어났다. 가톨릭 전례를 가장 잘 표현하는 '신성한 형태'에 대한 일생의 탐구는 (2차 대전 후에 유럽에서는 일반화되었지만) 그가 1919년 베를린 미술학교(Berlin Kunstakademie)에 입학하기 이전부터였다. 표현주의 건축가 한스 펠지히(Hans Poelzig)교수 밑에서의 공부는 이를 더욱 보강시켰다. 1923년 졸업 후 반년 간 마인(Main)의 쉴로스 로튼펠스(Schloss Rothenfels)성에서 그 성의 전속 사제인 로마노 과르디니(Romano Guardini)가 인도하는 로만 가톨릭의 젊은 전례운동 그룹과 함께 지내기도 하였다. 이러한 인연으로 1928년에는 과르디니 신부와 함께 로튼펠스성의 재건축에 참여하게 된다.

그림 2. '기사홀' 내부

그의 첫 작품인 이 프로젝트에서 가장 흥미를 끄는 것은 가끔 성만찬을 위해 사용되는 강당인 '기사홀'(Rittersaal)에서 찾아볼 수 있다. 이 강당은 백색 벽과 탁 트인 창문들로 된 큰 직사각형의 공간이었다. 장식을 피한 검소한 이 공간에서는 100 여개의 검은색 의자가 유일한 기구들이었다. 이 의자들은 강당의 다양한 쓰임새에 따른 집회의 성격에 따라 쉽게 재배치 될 수 있었다. 예배가 있는 날에는 임시로 제단이 강당에 놓여지고, 신자들은 제단을 중심으로 삼면에 둘러앉아 있어서 모임의 종지부를 형성하였다.

1925년부터 2년간 오픈바흐(Offenbach)에 있는 미술·공예학교에서 수학하게 되는데 그 학교엔 1926년까지 도미니쿠스 뵘(Dominikus Böhm)이 교수로 있었다. 뵘과의 유일한 합작 프로젝트는 프랑크푸르트의 '평화의 성모성당'(Frauen-Friedens-Kirche, 1926-27)의 현상 설계 당선안 이었다. 너무 앞선 작품으로 실행되지는 못했지만 그것의 전반적인 개념은 아헨(Aachen)의 혁신적인 교회 '그리스도의 몸 성당'(Fronleichnamskirche, 1928-30)에서 구현되었다.

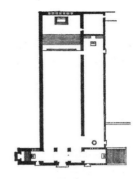

그림 3. 평화의 성모성당 계획안
(1926)

1927년부터 슈바르츠는 아헨의 미술·공예학교의 디렉터가 된다. (이 학교는 나치정부에 의해 1934년에 폐교됨) 이후 1930년대는 정부에 의해 교회 건축이 금지되었기 때문에 그의 작품 활동은 많은 제약을 받았다. 그러나 이 기간 동안 그는 유명한 저서 *Vom Bau der Kirche*(1938년 첫 출판되고, 1958년에 교회의 화신 – *The Church Incarnate*– 으로 영역 출판됨)를 집필한다. 여기서 그는 풍성한 시적 이미지와 상징적인 사인으로 된 6개의 전형적인 교회평면을 제시하였다. 그는 인간을 교회의 구성적인 건물 매체로 생각하였다.

2차 대전 중 사알란트(Saarland)의 지역계획에 관여하였고, 전후 쾰른의 도시 계획을 맡았으며(1942-1952), 이후 사망할 때까지 뒷설도르프 (Düsseldorf)의 주립 아카데미에서 도시계획을 강의하였다. 그럼에도 2차대전 후 수많은 교회 건축의 설계를 통해 오히려 그는 교회건축가로서 위대한 명성을 얻는다. 1961년 갑작스런 사망(암으로)으로 최후의 교회 프로젝트들은 10년 동안 건축가인 부인(Maria Lang Schwarz)과 그의 제자들에 의해 완성된다. 그는 26개의 교회 작품(2개는 오스트리아, 나머지는 독일 소재)을 남기고 있다.

루돌프 슈바르츠의 도상학 (圖像學, Iconography)

후기 르네상스 이후 새로운 도상학을 진지하게 연구하고 설계에 적용한 사람은 슈바르츠이다. 저서『교회의 화신』(*Vom Bau der Kirche*)에서 그는 중세 사람들이 그리스도의 몸을 모델로 하여 교회를 건설하였을 때 몸(肉身)이 무엇을 의미하는가에 대해 특별한 개념을 가졌다고 주장한다. 그것은 오늘날 우리가 더 이상 갖고 있지 않는 도상학적인 사고에 가득 찬 것이었다. "오늘날 우리는 예전에 인간이 그랬던 것처럼 높고 빛나며, 낙천적인 명석한 머리로써 육신을 보지 않는다. 우리의 육신은 둔하고 무겁다. 그러므로 우리가 '신성한 몸'에 대해서 언급할 때 생각할 수 있는 유일한 가능성은 우리가 실제 보는바 대로의 완전히 솔직한 우리의 육신 그대로이거나, 또는 일반적으로 종교적인 그 무엇을 생각하는 것이다. 교회를 '신의 작품'이라 부르는 사람도 단어 '작품(Work)'이 오늘날 뜻하는 바를 그대로 의미하거나 완전히 애매모호한 그무엇을 의미한다. 그것은 곧 전혀 사고하지 않고 느낌만을 갖고 있음을 의미한다." (*The Church Incarnate*, pp. 10-11)

그러므로 현대인에게 "신성(神聖, the sacred)은 볼 수 없고 옛 단어는 기적에 적용된다." 그리하여 슈바르츠는 독자들을 일련의 명상과 한편으로 눈, 그림, 조각, 여러 가지 건물 체계들을 통해 그들이 '신성함'(sacredness), '몸'(body), '작품'(work)의 잃어버린 이해를 재 숙지하도록 인도한다. 슈바르츠의 도상학은 단순하고 기하학적인 형태에 의미를 부여함으로써 만들어지며, 이 의미는 그리스도 생애의 여러 단계와 관련을 맺는다. 또, 각 단계는 '그리스도의 몸'으로서의 순례 교회와 유사한 의미를 지니고 있다.

첫째 도형의 원은 그리스도가 공생활을 시작하기 전의 생애, 즉 '신성한 영성'(Sacred Inwardness)을 나타낸다. 이것은 교회가 그리스도 제대 주위로 고유하고 친밀한 유대(그러나 닫힌) 속에 모이는 것을 암시한다.

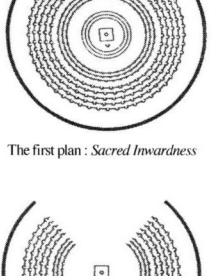

The first plan : *Sacred Inwardness*

The second plan : *Sacred Parting*

두번째 도형은 '열린 고리'(open ring)인데 원의 3/4이 열린 쪽으로 집중하고 있다. 그리스도가 공생활을 시작함을 표시한다. "이 평면의 의미는 '신성한 출발'(Sacred Parting)이다. 이것은 닫힌 형태의 일부분이 터져 열리는 순간의 상태이다. 사람들은 개방으로 나아가려는 지점에 있다. 그들은 첫발을 내딛길 바라지만 보호와 길 사이의 문지방 위에서 잠시 머문다. 그 보호의 형태는 여전히

만 깨어져 열리고 곧 사라지기 시작한다."(*ibid.*, pp.70-71)

세번째 도형은 '빛의 성작'(The Chalice of Light)이다. 돔의 일
부를 잘라 개방시키거나 하기아 소피아나 바로크의 교회처럼 꼭대
기에 다른 돔이나 쿠폴라를 얹어 빛을 내부로 받아들인다. 이것은
그리스도를 강하게 하고 골고다로 향한 그의 여정에 성령을 내리
는 상부로부터의 빛, 즉 그리스도의 세례를 나타낸다.

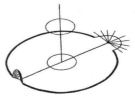

The third plan : *The Chalice of Light*

네번째 도형은 '신성한 여행'(Sacred Journey)이다. 그러므로 축
을 가지고 있다. 이것은 움직임, 행진, 순례 공동체에 관련된 것이
다. "이 땅에서 거의 휴식없이 살아가는 인간 운명의 공통된 길,
그러나 그들은 위대하고 용감하게 산다. 그들은 그들의 전 존재를
목표를 위해 위험에 내 맡긴다."(*ibid.*, pp. 125-126) 이것의 형태는
바실리카식 교회이다. 이스라엘 백성들이 사막에서 신의 임재인
구름을 따라가듯이 앱스(apse)를 향해 나아가는 거대한 격자 또는
그물 안에 결합된 사람들의 열이다.

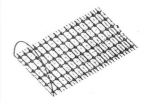

The fourth plan : *Sacred Journey*

다섯번째 도형은 '암흑의 성작'(The Dark Chalice)이다. 드디어
집에 도달했다고 생각하는 순례백성들은 포물선의 열린 끝으로 표
현된 그리스도의 팔에 도달한다. 그러나 슈바르츠에게 있어서 구
원의 영광은 아직 실현 될 수 없다. 왜냐하면 수난이 아직 일어나
고 있기 때문이다. "출발에서의 강력한 상승은 정점에 도달하면
점차 지치게 된다. 그때 반대의 힘이 작동하고 드디어 운동은 정지
하게 된다."(*ibid.*, pp.198) 그러므로 포물선은 백성들이 '신성한
주형'(sacred cast)의 세계로 다시 던져진 것과 같이 기도하는 그리
스도가 그를 무시할지도 모르는 '암흑의 성작' 이 된다. 그것은 죽
음으로의 주형이다. 고통의 형태인 동시에 종말을 생각해 낸 존재
의 형태요, 종말로 인도하는 신성한 길의 형태이다. 모두가 이 형
태 속에서 살아야만 하는 것은 아니다. 그러나 이 궁극적인 인식에
도달한 사람이 그것을 인정해야 할 지 아닐지를 선택하는 것은 자
유롭지 않다. 그는 신이 영원히 마셔야만 하는 어두운 성작의 영원

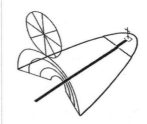

The fifth plan : *The Dark Chalice*

한 고통 속에 신과 함께 견지해야 할지를, 또는 분리되지 않은 어둠 속에 동물과 같은 벙어리의 공포 속으로 절망하며 다시 떨어질 것인가를 결정해야만 한다.(*ibid.*, pp.178-179)

여섯 번째 도형은 '빛의 돔'(The Dome of Light)이다. 이것은 다시 원인데 "절대적인 빛의 돔이다. 건물은 빛으로 구성된다. 모든 면으로부터 빛이 들어오며 모든 물체가 빛을 발한다. 빛이 빛에 녹아들며, 빛이 빛에 응답한다." 슈바르츠는 6번째 도형에서 부활의 기쁨과 영혼이 신과 결합하는 축복의 비전을 표현하려고 하였다. "어디에나 하늘과 땅이 있다. 하나가 다른 하나로 녹아들어 간다."(*ibid.*, pp.180-181) 슈바르츠는 대성당(cathedral)을 이 여섯 가지 도형이 함께 있는 것으로 설명한다. 왜냐하면 대성당은 교회의 전체성을 표현하기 때문이다. 슈바르츠에게 이것은 6단계의 각각이, 즉 6개의 평면들이 차례차례 펼쳐지는 역사적인 것으로 의미된다. 이것이 "신성한 역사의 구성형태―그 안에서 6개의 도형들은 오직 지체들이요, 기간, 단계이다―이다. 3개의 중요한 요소들이 그것을 구성한다. 처음과 끝이 중추적인 것이고, 둘 사이의 길이 과정이다."(*ibid.*, p.193) 그러나 슈바르츠에게 있어서 교회는 문화·예술로 대성당을 표현하면서 인간의 역사를 통해 여정을 계속한다. 그리하여 종말 때까지 교회가 성장하기 때문에 대성당을 건설하는 과정이 계속된다.

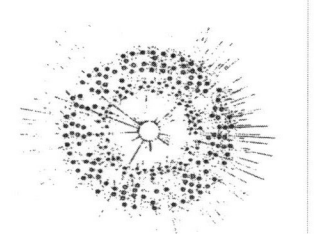

주 1) 예수 그리스도가 신성(神性)으로는 하느님의 친자이지만 인성(人性)으로는 하느님의 양자(養子)라고 주장한 그리스도론적 이단.

주 2) 강생한 예수 그리스도께서 지닌 육신의 실재를 부정하는 신학적 오류. 그리스도는 지상 생활을 영위하는 동안 인간의 육신과 같은 진정한 육신을 지니는 것이 아니고 다만 육신적 외관을 보이고 있었을 뿐이라는 주장. 1세기 그리스와 유대학파 사이에 널리 유행하였던 이원론적 철학이 그리스도교와 결합되어 생겨났다.

슈바르츠의 작업은 탁월하고 오리지널하다. 그러나 그것이 너무 오리지널(전통에 뿌리를 두지 않고)하기 때문에 불확실한 점도 있다. 그가 '신성한 건축의 위대한 모델'로 불렀던 그리스도의 생애에 따른 그의 평면을 기초로 할 때 그는 스스로 이 여섯 단계, 6개의 모델을 결정하는 데에 매우 단호하다. 그러한 입장을 견지하는 것에 대한 분명한 어려움을 차치하고서도 우리가 그의 모델을 읽을 때 놀랍게도 성격에 있어 그리스도 양자론(養子論, Adoptionism)[1]이나 그리스도 가현론(假現論, Docetism)[2]과 같은 일부 그리스도론의 이단과 유사점을 발견할 수 있다.

그의 도상학이 진실한 그리스도교적인 교회 모델을 도출하는데 도움이 되기 위해서는 정통 그리스도론에 입각한 신학적인 보완이 필요하다. 왜냐하면 교회의 형태가 신성(Divinity)의 성격에 유사해야 한다는 비트루비우스(Vitruvius)식의 이상과 교회 건축은 건축언어에 있어서 그리스도의 모방이라는 슈바르츠의 논쟁 사이에 커다란 골짜기가 있기 때문이다. 그러므로 우리는 슈바르츠가 올바른 질문을 던지고 있는가를 심사 숙고 해야 한다.

역사적인 모델이 교회 평면을 결정하는데 계속 유효한가?
우리는 그리스도의 생애에 기초한 보편 타당한 평면을 발견할 수 있는가?
모든 시대의 대성당은 역사적인 모델을 함께 연결함으로써 간단히 창조될 수 있는가?
그리고 이것이 유용한 도상학을 산출 할 수 있는가?

슈바르츠가 남긴 26개의 교회 건축은 모두 6개의 모델에서 비롯되었는데 네 번째와 다섯 번째가 주종을 이루며, 말년의 작품에서 여섯 번째 안이 나타난다.

어쨌든 루돌프 슈바르츠의 작품과 저작은 유럽 교회건축 특히 로만 가톨릭 성당 건축에 지대한 영향을 미쳤음은 두말할 필요가 없다.[3]

주요 실예

그리스도의 몸 성당
(FronleichnamsKirche, Aachen, 1928-1930)

독일 아헨(Aachen)에 소재한 이 성당은 슈바르츠가 로튼펠스성의 재건축에 참여한 직후 설계한 최초의 교회 건축이다. 건축가 한스 슈위페트(Hans Schwippert)와 협동한 이 교회는 교회 건축사에

주 3) 우리 나라에서도 슈바르츠의 영향을 크게 받은 베네딕도 수도회의 독일인 신부 알빈 슈미트(Alwin Schmid, 1904-1978)가 그의 도상학에 기초한 성당을 17년간 (1961-1978) 무려 79개를 설계한 바 있다. (알빈의 활동에 관한 것은 졸고 "교회 건축가 알빈신부와 그의 작품에 관한 연구"「단국대학교 논문집」제 21집 (1987)과 "한국에서 활동한 2인의 성직자 건축가에 관한 연구"「대한 건축학회 논문집」제 4권 제 4호(1988)을 참고.

그림 10. 그리스도의 몸 성당
(아헨, 1930)

그림 11. 그리스도의 몸 성당 조감

그림 12. 그리스도의 몸 성당 내부

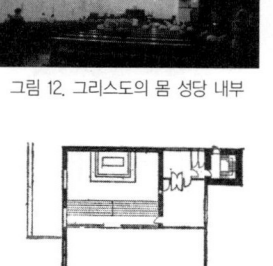

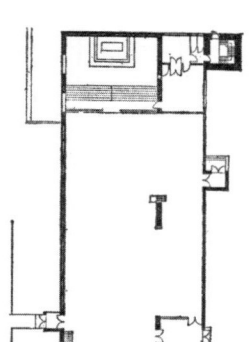

그림 13. 그리스도의 몸 성당 평면도

그림 14. 성 미카엘 성당
(프랑크푸르트, 1953-1954)

있어서 이정표와 같은 존재로서, 근대 건축(Modern Architecture) 발전의 주류의 선상에 있는 건물이다. 초기 전례 운동(Liturgical Movement)으로부터 유래한, 하느님의 백성(Ecclesia)과 예배와 선교에 대한 새로운 이해를 표현하고 있다.

공동주택과 창고 · 공장의 노동자 지역에 위치한 이 성당은 긴 장방형 박스와 박스형 종탑구성으로 얼핏보면 창고나 공장으로 착각할 정도로 주변의 일상적인 건물과 같은 모습을 하고 있다.

슈바르츠의 네 번째 모델에 기초한 길게 뻗은 단순한 장방형 홀은 그에게 있어 사회의 '신성한 여정'의 상징이다. 그것의 끝에 검은 대리석 제대가 있다. 몇 개의 사각형 창만 뚫린 폐쇄된 흰 벽이 골짜기의 효과를 창조한다. 그 높이는 고딕대성당의 디멘젼을 회상케 한다. 그러나 주중에 일어나는 지역 크리스챤 공동체의 다양한 집회를 방해하는 요소는 하나도 없다. 회중공간과 제대구역을 둘러싼 공간 사이의 유일한 구분은 기념적인 계단 상승뿐이다. 이 것은 전례와 공동체의 다양한 활동을 수용하는 다용성을 추구한 결과이다. 또한 분절된 남측의 낮은 부분과 입구 갤러리(성가대석) 하부는 뚜렷한 공간의 실체를 형성하고 있다.

내외부에 일체의 장식과 군더더기가 없는 이 콘크리트 건물은 미스 반 델 로에(Mies van der Rohe)의 "less is more"를 연상케 하는데, 교회 건축의 투명성과 상(像) – '공동체의 집(Domus Ecclesiae)'과 '신의 집(Domus Dei)' – 에 대한 요구를 훌륭하게 충족시킨 실험적인 작품이다.

성 미카엘 성당
(St. Michaelskirche, Frankfurt, 1953-54)

독일 프랑크푸르트(Frankfurt)에 소재한 타원형 평면의 이 성당은 르네상스 이후 독일에서는 일반적이었던 평면의 새로운 전례적 요구에 대한 적극적 수용의 결과였다. 독일 바로크 양식의 옛 평면에서 완전히 새로운 공간과 분위기를 창출하였다.

슈바르츠의 다섯 번째 모델에 기초한 평면은 길쭉하게 늘어진 타원형의 신랑(nave)과 성단(sanctury) 양편에 돌출된 타원형의 채플로 구성된다. 그리고 입구 쪽에 2개의 보다 작은 타원형이 반복되어 신랑 바깥으로 낮게 돌출되어 있다. 바깥으로 돌출된 보조적인 요소들을 지닌 이 성당의 주 실내는 하나의 연속된 부드러운 벽으로 둘러싸인 깨지지 않는 방이다. 알코브 채플은 각각 다른 용도를 위해 디자인되었는데 남측 채플은 성가대석이며, 북쪽 채플은 고해소와 14처가 있는 작은(보조) 회중석이다. 성단을 마주보고 있는 성가대의 위치는 제대와 친밀한 관계를 가진다. 더구나 전통적인 갤러리(2층 성가대석)를 제거함으로써 성가대는 회중석과 같은 레벨로서 그것의 일부가 된다. 제대 자체는 정사각형이어서 사제가 이 4면의 어느 곳에도 설 수 있다. 제대 뒤 편에는 큰 곡선의 의자가 있어(벽돌과 회색 슬레이트로 만든) 사제와 복사, 그리고 사제 합창단의 휴식 장소를 제공한다. 이 성당의 신랑은 길고 좁지만 전통적인 평면을 회상케 하고, 극도의 단순함과 부드러운 곡선에 의해 사제와 회중들의 하나된 느낌을 성취한다.

그림 15. 성 미카엘 성당 내부

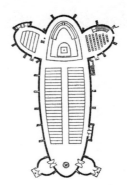

그림 16. 성미카엘 성당 평면도

타원형 벽돌 조적의 위요(enclosure)는 돌출된 콘크리트 리브(구조 프레임)에 의해 구획되며, 지붕 바로 아래 건물 전체를 연결하는 유리 블럭의 연속 창으로 인해 내부는 매우 밝다. 내부 벽체는 스투코로 마감되었고, 노출 콘크리트의 가는 수직 리브가 분절을 이룬다. 바닥은 회색 슬레이트이며 콘크리트 천장은 마치 떠있는 거대한 캐노피처럼 디자인되어 있다.

건축가의 목표는 냉혹한 현실세계의 고통을 이겨내는 강인하고 굳건한 정신적 요새를 제공하는 것이었다. 그러면서도 노출 콘크리트 프레임과 적벽돌의 벽체는 미묘한 평온과 아름다운 내부공간으로 이끈다. 이곳은 맑고 고요한 영적인 쉘터이다.

성 안나 성당
(St. Anna, Düren, 1951-1956)

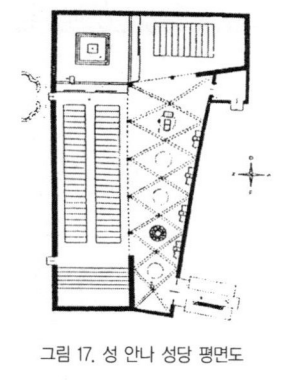

그림 17. 성 안나 성당 평면도

2차 대전시 파괴된 옛 건물의 잔해인 돌로 축조한 L자형의 성당이다. 평면구성이 특이한데 주 회중석은 긴 장방형과 제단 우측의 직교하는 짧은 장방형이며, 그 사이에 사다리꼴의 부공간이 있다. 부공간은 천장이 낮으며(천장에 원형 천창이 5개 있다) 출입구 로비와 배랑(narthex)의 역할을 한다. 성단을 똑 바로 보게 되는 주 회중석과 약간 비스듬히 보게 되는 부공간이 기둥이나 격벽의 방해없이 친밀한 교류를 갖게 한다.

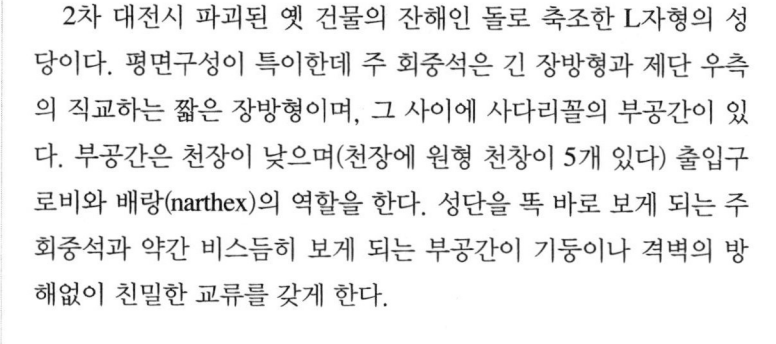

그림 18. 성 안나 성당 내부

정사각형의 제단은 L자의 코너에 3단 높은 상단으로 배후의 두 면은 벽으로 막혀있고 나머지 두 면은 직교하는 회중석을 향해 개방되어 있다. 제단 주위에 있었던 전통적인 성가대석이나 제의실, 유보랑(ambulatory)은 여기에 없으며, 성가대석은 제단 반대편 긴 회중석 끝에 단형으로 되어 있다. 2층 갤러리나, 성찬난간, 제단 뒤 장식벽이 없는 이러한 구성은 깨어지지 않는 공동체를 한번 더 강조한다. 사제와 신자, 성가대는 오직 위치 레벨의 상대적인 차에 의해서만 구분될 뿐 서로 직접적인 시각을 확보할 수 있다.

성 보니파시오 성당
(St. Bonifatius, Aachen, 1959, 1962-1964)

그림 19. 성 보니파시오 성당
(아헨, 1962-1964)

아헨의 '성 보나파시오' 성당은 슈바르츠 사후에 건립된 교회 중의 하나이다. 이것은 그의 첫 교회인 '그리스도의 몸' 성당으로부터 얼마 떨어지지 않은 공동주택과 창고·공장지역의 한 가운데에 순수한 형태로 서있다.

이 건물은 3단의 층으로 구성되어 있는데, 측랑의 높이를 결정
하는 1층의 장방형 박스, 평면상 T형태를 이루는 신랑(nave)과 익
랑(transept)의 상부구조, 그리고 건물 길이의 1/2 넘어로 확장된 제
대영역 상부의 랜턴(lantern)이다. 차별을 둔 천장고와 제대 영역으
로 향해서 증가되는 빛이 그것의 전체성을 손상하지 않고 내부를
분할한다. 장축과 횡축의 철근 콘크리트 거더(girder)의 쌍이 랜턴
을 떠받히는 그리드를 이루고, 기둥 없이 내부공간을 가로지른다.
내부공간을 에워싸는 흰 유리창 리본의 높이가 레벨에 따라 증가
하며, 제대 뒷 편의 큰 창에서 절정에 달한다.

슈바르츠의 여섯 번째 모델에 기초한 이 성당에서 그가 구현코
자한 한 것은 '빛의 산'(Mountain of Light)이다. 찬란함, 단순성,
공간의 자유스런 용도 때문에 내핍과 충만이 모순되지 않고 양립
한다.

이 성당과 유사한 개념과 형태의 건물은 오스트리아 비엔나에
있는 성 플로리아노(St. Florian, Vienna, 1957-1961) 성당과 에센의
성 안토니오(St. Antonius, Essen, 1956-1959) 성당이다. 둘 다 성
보니파스 성당과 달리 2단으로 구성되며, 1단과 2단의 높이차가
매우 커서 T자 형태의 공간 분절이 더욱 뚜렷하다. 따라서 축 방향
성과 집중성이 더 강조되며, 신랑 좌우의 공간은 낮고 어둡다. 상
부벽을 모두 두터운 슬랩글라스로 채워 색조와 명도 대비가 매우
심하며, 내부공간은 더욱 신비롭다.

그림 20. 성보니파스성당 내부

그림 21. 성 보니파시오 성당 평면도

그림 22. 성 안토니오 성당 평면도

그림 23. 성 플로리아노 성당   그림 24. 성 플로리아노 성당 내부

뵘 부자의 교회 건축

20세기 현대 교회 건축의 눈부신 발전은 그 양에 있어서나 질에 있어서 독일(서독)을 중심으로 전개되었다. 그것은 1,2차 대전을 겪으면서 수천의 교회가 파괴되었고, 전후 경제성장으로 축적된 부(富)를 국가차원에서 교회건축과 교회 예술에 투자하였기 때문이다. 전후 독일 젊은이들의 심리적인 불확실성에서 구원하는 길은 그들을 영적으로 인도할 교회의 재건에 있었으며, 교회 자신이 그러한 책무에 충실하였다. 1차 대전 후의 1920년대와 2차 대전 후의 1950년대는 독일 교회 건축의 부흥기라 할 수 있으며, 대담하고 다양한 실험이 가능하였고 또한 실현되었으며, 기라성 같은 교회건축 전문가(Kirchenbaumeister)들이 출현하였다. 그 중에서도 대를 이어 건축가로 활동하는 뵘부자[1]의 작업은 독일 뿐만 아니라 세계 현대교회건축 발전에 큰 공헌을 하였다.

도미니쿠스 뵘(1880-1955)의 생애와 작품

20세기 현대 로만 가톨릭 교회건축의 선구자인 도미니쿠스 뵘(Dominikus Böhm)은 독일 남부 예팅언(Jettingen)의 슈바비안(Swabian)에서 태어났다. 그는 건축가인 아버지와 향토 수공예를 전승해온 집안 출신인 어머니로부터 재료의 고유한 속성에 대한 강한 감수성을 물려받았다. 아우그스부르크(Augsburg)의 건축학교를 거쳐 스튜트가르트의 공과대학에서 수학하였는데, 그곳에서 유명한 테오도르 피셔(Theodor Fischer, 1862-1938)를 만나게 되며, 피셔는 그에게 재료의 적절한 사용과 건설방식의 감각을 개발시켜 주었다.

1907년, 뵘은 빈언(Bingen)의 건축학교에서 가르치기 시작했다. 다음해 다름슈타트(Darmstadt)에서 열린 '예술가 연맹 전시회'에 드로잉과 모델을 출품하였는데, 이 때 오픈바흐(Offenbach)의

주 1) 도미니쿠스(Dominikus, 1880-1955)도 건설업을 하는 가문에서 태어났고, 그의 아들 곳프리드(Gottfried, 1920-)는 건축가(Elisabeth Haggenmüller b.1921)와 결혼하였으며, 곳프리드의 네 아들 중 세명(Stephan b.1950, Peter b.1954, Paul b.1959)이 건축을 한다.

건축 미술학교의 교장인 후고 에버하르트(Hugo Eberhard)에게 발탁되어 이후 18년 동안 그 학교에서 강의하면서 거장 선생으로서 명성을 쌓아갔다.(루돌프 슈바르츠가 2년 동안 뵘에게서 배우게 되며 같이 현상설계에 협동작품을 내기도 한다.)

오픈바흐에서 뵘은 그의 학생인 마틴 베버(Martin Weber)에 의해 전례운동(Liturgical Movement)에 접근하게 된다. 마틴 베버는 마리아 라아흐(Maria Laach) 수도원의 평신도 회원인데, 당시 그 수도원은 전례 운동의 선도적인 중심이었다. 전례운동의 목표는 교회의 전례에 보다 적극적이고 능동적인 참여를 유도하는 것이었다. 신성함에 대한 독일인의 감각으로 착색한 전례운동의 이상은 뵘으로 하여금 교회 건물을 그리스도 신비체의 시각적인 표현으로 간주토록 유도하였다.

1918년 군복무 전까지 그가 설계한 몇 안되는 작품들은 별로 주목할 만한 것이 못된다. 그러나 그의 첫 교회인 오픈바흐의 성 요셉(Joseph) 임시성당(1919-1920)은 군병사 건물을 개조한 것으로, 목구조의 솔직한 표현과 내부의 공간적인 통일이 지대한 관심을 불러 일으켰다. 양편의 큰 창으로부터 유입된 빛이 리테이블이 없이 촛대가 둘러싸인 제대에 악센트를 주었는데, 그의 전 생애를 통해 빛은 교회건축 디자인의 기본요소로서 그를 매혹시켰다.(이 프로젝트 이전에 10개의 교회를 계획 설계한 바 있으나 실현되지 못하였다.)

그림 1. 성 요셉 임시성당
(1920, 1947 철거)

그의 제자 마틴 베버와 합작한 데팅언(Dettingen)의 성 피터 바울 성당(1922-1923)에서도 벽과 사암으로 유사한 질을 보여주었는데, 분명한 평면개념과 균형잡힌 내부가 뛰어났다. 끝에 부제대가 놓인 측랑은 좁으며, 한단 높은 네이브는 측창을 통해 빛이 들어온다. 측면의 큰 창으로부터 빛이 충만한 성단의 한쪽은 원형 세례당과 연결되어있다. 큰 전면 파사드의 표면은 돌의 수평띠와 좁은 창에 의해 분절된다. 독일 최초의 근대교회로 간주되는 건물이다. 홀란드

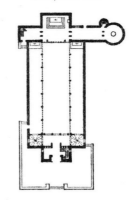

그림 2. 성 피터 바울 성당 평면도
(1923)

바알스(Vaals)에 있는 성 베네딕도 수도원(1922-1924)에서는 감실을 제대로부터 분리시켜 자유롭게 서있는 테이블로 처리하였다.

1923년에 계획한 미국의 서컴스탄테스 교회(Circumstantes)는 극장의 무대를 연상시키는 원형 제단에 부채꼴 좌석배열을 한 타원형 평면이었는데 제단을 향한 기둥배열로 마치 중심에서 하늘로 신비한 에너지가 발산하는 것 같았다. 반면 외관은 바벨탑을 상기시키는데 이것 역시 표현주의의 개념을 보여주었다.

이 세 작품에서 보이는 과장될 정도의 고딕양식 참조는 울름(Neu-Ulm)의 세례자 성 요한 교회(St. Johann, 1921-1927)에서 절정에 달한 표현주의자 경향을 보여준다.

그림 3. 서컴스탄테스교회 계획안 (1923)

세례자 성 요한 성당
(St. Johannes der Taüfer, Neu-Ulm, 1921-1927)

1차 대전 중 파괴된 옛 성당(1860)의 자리에 전쟁 기념 성당으로 지어졌다. 평면은 전통적인 중세 바실리카에 기초하였으며, 육중한 석조 파사드는 3개의 높은 뾰족 아치에 의해 강조되는 중앙탑과 좌우의 단순한 벽으로 구성되어 있다. 탑상의 육중한 배랑(narthex)을 지나면 중앙 종축에 삼랑식 회중석과 장방형에 반원 앱스가 붙은 성단이 배치되고 성단 좌우에 제의실과 종탑, 회중석 끝 좌우에 세례당과 원형 채플이 있다. 옛 성당의 자리에 성단이 위치하는 셈이며 그 하부는 조적조의 지하 묘실(crypt)로 꾸며져 있다.

그림 4. 세례자 성 요한 교회 (1921-1927)

그림 5. 세례지 성 요한교회 내부

측랑의 외벽과 내부기둥이 모두 제단을 향해 틀어져 있어(결과적으로 마름모꼴이다) 제단으로의 방향성이 고조된다. 외벽의 두꺼운 콘크리트 멀리온 사이는 매우 부드럽고 온화한 스테인드글라스가 끼워져 있는데 육중한 내부 열주에 비해 상대적인 중량감을 소멸시킨, 마치 접어구긴 종이와 같은 천장 보울트가 디자인의 요체이다. 이 세포조직의 보울트는 당시 독일 표현파 영화의 양식화된 세트와 유사한 심리적 분위기를 낳고 있다. 이것들 역시 뵘의 독창적인 재료의 구사를 입증하고 있다. 앞서 설계한 3개 건물의 구성요소와 공통되지만 독창적인 보울트 시공을 위해 그가 직접 고안한 기술을 사용하였다. 진한 몰탈을 사용해 라빗타입(Rabitz-type)의 기술을 개발함으로써 바닥에서 천장까지 커브진 콘크리트 보울트를 만들 수 있었다. 당시 이 건물은 건축토론의 주제가 되었으며 2차 대전 후 지어진 꼬르뷔제의 롱샹성당에 필적하는 미래의 씨앗이 되었다.

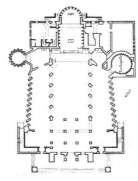

그림 6. 세례자 성 요한 성당 평면도

그리스도 왕 성당
(Christkönig, Mainz-Bischofsheim, 1926)

비쇼프스하임(Bishofsheim)에 있는 그리스도왕 성당(1926)은 콘크리트와 벽돌조 성당인데 여기서 제대와 회중의 통일은 신랑(nave)과 성단(sanctuary)을 결합하고 교차 보울트에 의해 분절되는 연속된 포물선 보울트에 의해 강조되었다. 그는 제대를 직접적으로 볼 수 있는 측면 갤러리에 밝은 성가대석을 배치함으로써 그것의 전례적인 역할을 강조하였다. 성채 같은 종탑이 주변을 압도하는데 이 성당은 뵘의 대담한 구조 기술과 정신적인 내용을 내포하고 있다. 당시 새로운 교회건축은 논쟁의 주제였으며 항상 뵘이 그 선두에 있었다.

그림 7. 그리스도왕 성당

1927년 루돌프 슈바르츠와 합작으로 설계한 프랑크푸르트의 '평화의 성모성당'(Frauenfriedenskirche) 현상설계안은 장식 없는 장방형의 단순한 공간인데 드라마틱한 입면과 큰 창을 제외하고는 성단과 회중석 공간(nave)의 구별이 없었다. 이 역사적인 교회 건축 양식과의 급진적인 단절은 결코 실행되지는 못했다. 그러나 이 개념은 노르데르네(Norderney)의 교회(1931)에서 수수한 입방체의 백색 건물로 나타난다.

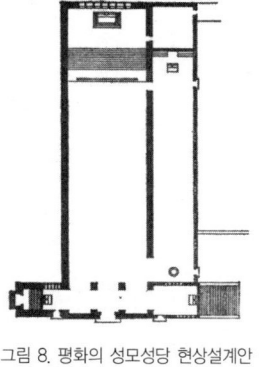

그림 8. 평화의 성모성당 현상설계안
(1927)

현상설계의 프로젝트가 뵘의 경력에 있어 새로운 단계로 접어드는 신호가 된 셈이다. 1926년 쾰른시장의 초청을 수락하여 쾰른 공작학교(Kölner Werkschule)의 교회미술과 과장이 되는데 당시 리머슈미트(R. Riemerschmid, 1868-1957)가 교장으로 있었다. 그는 1934년 나치에 의해 해임될 때까지 그 자리에 있었으며, 2차 대전 후 다시 교수로서 일했다.(1947년-1953년) 쾰른에서의 시절은 매우 활동적이었다. 1928년 유명한 프렛사(Pressa)전람회의 로만 가톨릭 파트를 감독하였는데, 원통형의 '무염시태' 채플을 디자인 하였다. 그는 이 무렵 자신의 저택(쾰른 1931-1932)을 포함한 개인 주택, 상업건물, 공장, 가톨릭계 병원과 교회 부속 건물들을 설계했다.

이 모든 디자인은 '평화의 성모성당' (1927년 현상설계)의 안을 특징짓는 단순성과 순순한 기하학적 형태의 강조를 드러내 보였는데, 이는 사실 여명기 국제주의 건축양식인 셈이었다.

그림 9. 성 엥얼베르트 성당
(1930-1932)

이 시기 뵘의 교회건축양식의 특성은 힌든부르크(Hindenburg)의 벽돌조 성 요셉(St. Joseph) 성당(1930-1931)에서 요약될 수 있다. 연속된 평천장은 가시성의 성단 입면에도 불구하고 내부공간의 통일성을 강조하며, 일련의 측면 채플들이 행진의 통로를 위해 아치 형태로 뚫린 돌출 벽에 의해 만들어졌다. 그의 교회에 자주 등장하는 이와 같은 통로유형은 제대 뒤의 유보랑을 가리고, 조용한 아트리움을 둘러싸는 열주랑의 지배적인 모티프를 제공하는 벽돌아치의 색정적인 수평 띠가 특징적이다.

서컴스탄테스(Circumstantes) 교회(1923)의 원형 평면은 쾰른의 성 엥얼베르트(Engelbert) 교회(1930-1932)에서 더욱 발전되는데 회중은 외부에 명확히 표현되고 있는 포물선 형태의 보울트 군의 링 아래에 모이게 된다. 로만 가톨릭 전례의 대화적인 성격이 원의 중심이 아니라 주변으로부터 돌출한 하나의 포물선 보울트 아래에 제단이 놓이는 것을 허용하였다. 그리고 측면 창으로부터의 강한 빛이 초점의 효과를 더하였다.

나치시대에 교회건축에 대한 제한이 점증하였기 때문에 뵘은 전통적인 독일 형태의 급진적인 단순화-특히 오토왕조와 로마네스크-에 의지하였다. 링은베르크(Ringenberg)의 마을교회(1935-1936)에서 그는 처음으로 육중한 방형 탑의 하부 중앙에 위치한 제대를 중심으로 3방향의 수랑에 회중석을 배치하였다. 제대 위의 감실 뒷 편 너머에 또 하나의 테이블을 놓음으로써 사제가 전통적인 미사(회중을 등지는)와 더불어 신자와 마주보고 향하는 미사를 집전할 수 있게 하였다. 제대 후면의 큰 창이 뵘의 다른 교회에서와 같이 빛이 제대 자체로부터 방사하는 것처럼 처리하였다.

그림 10. 성 엥얼베르트 성당 단면도

2차대전 중의 공중 폭격은 엄청난 수의 교회를 폐허로 만들었다. 특히 쾰른, 프랑크 푸르트, 사브루켄의 손실이 가장 컸다. 교회건축의 2번째 부흥기를 맞이한 독일의 50년대는 가톨릭 쾰른교구에서만 10년 동안 무려 350개의 교회들이 재건 또는 신축되었다. 이 시기의 쾰른 대주교인 조세프 핑크스(Joseph Fings) 추기경은 교회 건축의 의미에 대한 남다른 이해를 통해 현대 언어로서의 교회 디자인에 절대적인 후원을 하였다. 패전 후 독일 젊은이들의 심리적인 갈등과 불확실성에서 그들을 구원하는 길을 심사숙고한 끝에 그는 교회가 각성한 세대의 표류하는 신앙을 되찾기 위해 이 나라 생명의 유력하고 생기 있는 새로운 힘을 보여주어야 한다는 것을 깨달았다. 이러한 생명력의 촉지할 수 있는 표현은 신앙 자체가 표현되는 건물이다. 그렇기 때문에 소멸해 가는 과거의 복사물은 부적절하였다. 대주교 핑그스 추기경은 다행스럽게도 쾰른교구에 거주하는 많은 가톨릭 건축가들의 실험적인 작업을 수용하였다. 뵘에게도 많은 재건 프로젝트가 맡겨졌다. 그는 남은 것을 어떻게 보존하며, 더 나은 전례의 참여를 위해 재조직하고자 하는 순수히 근대적인 부가와 어떻게 통합할 것인가에 몰두하였다.

그림 11. 성 요셉성당(1950)

두이스부르그(Duisburg)의 성 요셉성당(1948-1950)에서는 아직 건재한 네오고딕의 측랑부를 새로운 장방형 회중석 홀과 오픈 연결하여 고해채플로 보존하였다. 코헴(Cochem)의 성 마틴 성당(1945-1951)과 가일른키르현–훈스호픈(Geilenkirchen-Hunshofen)의 교구성당(1950-1951, 그의 아들 곳프리드 뵘과 협동)에서는 보다 큰 새 예배홀이 구성되었다. 오흐트룹(Ochtrup)의 성 마리성당(Marienkirche, 1951-1953)은 빛나고 넓은 장방형 공간이 제대에서의 행동과 회중을 쉽게 결합하였다. 그것의 미묘한 곡선 쉘 보울트는 거의 시선의 방해 없는 가는 기둥에 의해 지지되고 있으며, 세례반은 넓은 합각 파사드의 왼편코너에 서있는 탑의 기저부에 위치한다.

마리아 쾨니긴 성당
(Maria Königin, Köln-Marienburg, 1953-1954)

그림 12. 마리아 쾨니긴 성당 평면도

그림 13. 마리아 쾨니긴 성당 내부

전후 뵘의 최고의 작품은 쾰른 마리엔부르크에 있는 마리아 쾨니긴(Maria Königin)성당이다. 방형의 벽돌조에 철골트러스 지붕의 매우 단순한 건물이나 독특한 동남측 유리벽의 스테인드글라스가 연출하는 내부공간의 풍성함은 주목을 끌기에 충분하다. 얕은 앱스로부터 확장된 낮은 단은 단순한 제대 테이블과 함께 회중과의 긴밀한 관계를 가져다 준다. 바닥에서 천장까지 덮는 거대한 유리벽은 뵘 자신과 하인즈 비너펠트(Heinz Bienefeld)가 디자인하였는데, 은빛 회색이나 회색빛 녹색의 스테인드글라스로 되어있다. 디자인의 주도적인 패턴은 주변의 작은 공원에 있는 나무들의 잎과 줄기를 추상적으로 표현한 것이다. 이 유리벽의 셋째 칸에서 색유리로 완전히 감싼 원형 세례당이 연결된다. 스테인드글라스에도 조예가 깊은 그는 자신이 설계한 많은 교회의 창을 직접 디자인하였다.

뵘의 영향은 산 살바도르(San Salvador) 대성당의 국제 현상설계(1953, 실행되지 않음)와 그외 작품집, 제자, 동료들을 통해 국제적으로 퍼져나갔다. 54개의 교회를 포함한 70 여개의 실행 작품과 80 여개의 계획 작품을 남긴 그는 1955년 세상을 떠났는데, 그의 작업은 아들 곧프리드 뵘과 손자에 의해 계승되고 있다.

"오직 마음으로부터 나온 것만이 마음으로 통하는 길을 찾을 수 있다." - 도미니쿠스 뵘

곧프리트 뵘(1920-)과 교회 건축

곧프리트 뵘(Gottfried Böhm)은 도미니쿠스 뵘의 아들로 1920년 오픈바흐에서 태어났다. 쾰른에서 고등학교를 마치고 뮌헨의 공과대학에서 수학했다.(1942-1946) 그리고 뮌헨의 조각 미술 아카데미에서 조각을 공부한(1947) 후 8년간 쾰른의 아버지 사무소에서 일했으며 1년간 뉴욕에서 체제하기도 하였다. 1955년 사무소를 개설한 후 아헨 공과대학의 교수로 재직하면서 작품 활동을 하여왔다. 현재는 학교를 은퇴하고 설계활동에만 전념하고 있다.

출발부터 뵘의 건축은 기술적인 성취와 예술적인 형태의 통합, 그리고 주변 환경에 대한 공명으로 특정 지워진다. 이러한 특질들은 그의 유명한 벤스베르크 시청(Bensberg Rathaus, 1962- 1969)에서 예증되고 있다. 여기서 사무소 층과 표현주의적 탑이 주변의 중세 건물들과 조화되게 공존하고 있다. 그는 현대적인 재료(철과 콘크리트)를 유기적이고 생물학적인 유추를 일으키는 방식으로 사용하였는데 시청사의 콘크리트 성형의 독특한 조각적인 질은 투명한 결정체의 바위를 연상케 한다.

아버지만큼 교회건축 설계의 기회를 갖지는 못하지만, (1960년대 중반이후 교회 건축 붐은 사라진다) 약 10 여개의 교회작품을 통해 심미적으로 정신세계에 접근하려는 의지와 사회로 개방되고

조화되는 교회 개념을 구현하고 있다. 그의 다원적인 건축은 가끔 독일의 기질을 보유하는 한편 기능주의, 형태, 도시 감수성의 현대적인 종합을 성취한다.

글랏바흐-쉴트건 성심성당
(Herz-Jesu, Bergisch Gladbach-Schildgen, 1957-1960)

쾰른 동북 외곽의 쉴트건에 위치한 성심 성당은 2명의 건축가와 협동 설계한 것으로 굳건한 담벽이 마치 작은 마을처럼 성역을 둘러싸고 있다. 원뿔형태의 첨탑들이 중요한 종교시설이라는 것을 표시할 뿐, 현대판 대상(隊商) 숙소같다. 성당의 접근은 몇 단계를 통하는데 첫 번째는 개방된 마당이고, 그 다음엔 둘러싸인 내부 마당, 그리고 성당내 홀이다. 외벽은 담벽에서부터 건물 내부 벽체로 그대로 연속된다. 입구에 밴치가 놓여져 있는 장방형의 갤러리를 거치면 이곳과 직각으로 장방형의 회중석과 성단이 배치된다.

성단은 섬처럼 가운데 독립되어 있고 측고창을 통해 빛으로 충만되며 그 상부에 가장 큰 원뿔 형태의 첨탑이 있다. 마당과 입구 갤러리에는 높고 낮은 원통형 탑이 있는데, 마당의 것은 종탑, 입구에는 고백소와 세례당이 배열되어 있다.

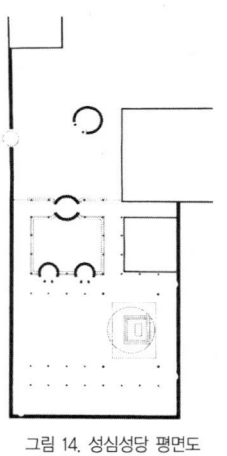

그림 14. 성심성당 평면도
(1957-1960)

그림 15. 성심성당 전경

그림 16. 성심성당 내부

성 게르트루트 성당
(St. Gertrud, Köln, 1964-1965)

5층의 주거군이 도로 좌우에 연속되어 있는 가로변에 가톨릭 성당이 독특한 개성을 드러내고 있다. 자기 주장에도 불구하고 단조로운 주변의 건물들을 존중하면서 (주변건물과 동일한 처마 홈통과 코니스 높이) 북측 가로변으로부터 후퇴하여 전정을 두어 접근을 유도하였다. 맞은편의 새 건물이 유사한 후퇴로 서로 조화되도록 제안하였으나 실현되지 못했다.

그림 17. 성 게르트루트 성당
(1964-1965)

이 성당의 대지는 매우 어려운데 남측에 철도의 증설로 인해 아주 가까이 까지 철로가 지나간다. 일조를 최대한 끌어들이기 위해 남측 철로를 향해 1층의 유치원과 탁아소를 배치하지 않을 수 없었다. 경사를 이용해 미팅룸과 어린이 클럽을 아래층에 둘 수 있었다. 가로변 서측과 북측으로 입구, 성가대석, 채플로 쓰이는 불규칙한 다각형의 덩어리가 돌기되었다. 주 제단 상부의 들어 올려진 지붕의 3차원 효과는 어두움 속에서 더욱 효과적이다. 지붕 쉘의 융기선은 좌석의 배열축과 직각을 이루고 있다.

그림 18. 성 게르트루트 성당 내부

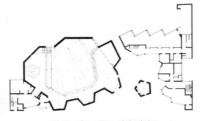

그림 19. 게르트루트 성당 평면도

여기서 뵘은 지루하기도하고 무질서한 주변에 불규칙한 콘크리트 석조물의 강한 형태를 놓음으로서 어떻게 기존의 시각 환경에 대응하는가를 보여주었다.

마리아 평화의 모후 순례 성당
(Wallfahrtskirche Maria, Königin des Friedens, Velbert-Neviges, 1962-1968)

그림 20. 마리아 평화의 모후
순례성당(1968)

주 2) 첫 단계의 과장되고 매너리즘적
인 안은 채택되지 않았다.

그림 21. 마리아 평화의 모후
순례성당 피아자

그림 22. 마리아 평화의 모후
순례성당 내부

17세기에 기적의 성상-동판으로 조각된 기품있는 무염시태(無染始胎)성모상-이 네비게스에 옴으로써 이곳이 순례성지가 되었다. 1960년에 프란치스코 수도원과 후기 바로크 양식의 순례성당 위에 새로운 성당을 건축하기로 하여 두차례[2]의 지명 현상을 통해 프링스(Frings) 추기경의 후원을 받았던 뵘의 안이 채택되었다. 약 7,000명을 수용할 수 있는데 쾰른교구에서는 쾰른 대성당 다음으로 큰 성당이다.(50×37m H:34m)

'살아있는 계속 움직이는 교회의 표현' 인 순례의 경험은 미사 뿐만 아니라 공동기도, 노래, 댄스, 연극, 영화, 페스티발에 의해서도 고양되어야 한다. 따라서 순례교회의 예배행위는 일반 교구 교회와 다를 수밖에 없는 것이다. 이러한 이유에서 뵘은 성당으로 인도하는 단이 진 일련의 피아자(piazza)를 계획하였다. 성당도 덮개를 씌운 하나의 피아자였는데 가로등 형식의 조명과 바닥의 포장도 똑같이 연속된다. 논리적으로 길의 끝은 제단이다. 여기서 그는 루돌프 슈바르츠가 품었던 옛 아이디어를 소생시킨 것이다.

이 덮개를 씌운 피아자(성당)는 대성당의 기묘한 변형인 동시에 거대한 조각적인 기념비가 되었다. 주공간과 주위의 채플들 그리고 2층 갤러리들을 비대칭의 불규칙한 지붕들이 덮고 있다. 이 잡색의 다양한 형태의 내부는 순례 축복의 다양한 경험을 제공하는데 도움을 준다. 조명계획과 방의 크기는 건축가 자신이 디자인한 스테인드글라스 창에 의해 강조된 전례 공간의 신비스러운 이해의 결과이다.

갤러리들은 진실한 커뮤니케이션의 기능을 갖는다. 서쪽의 길로부터 출입구는 첫 갤러리로 인도한다. 두 번째 갤러리는 계획된 종탑과 브릿지에 의해 연결되며, 병원 주변영역과의 연결을 제공할 것이다. 이 그룹핑에서 내부와 외부의 확실한 조화가 존재하며, 큰 스케일에도 불구하고 교회는 주변의 환경과 조화를 이루고 있다. 불규칙한 지붕은 주변의 전통적인 지붕들과 우연히 관계를 맺고 있는 것 같다. 이런 이유 때문에 거친 방식으로도 설득력 있는 해결이 이루어진 것이다.

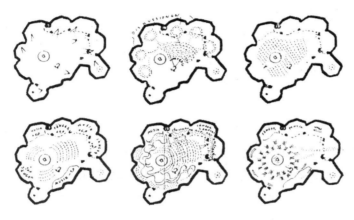

그림 23. 다양한 활용유형을 보여주는 건축가의 스케치

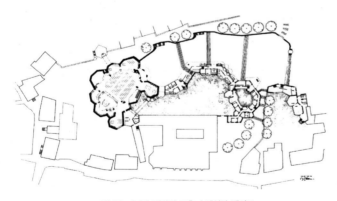

그림 24. 마리아 평화의 모후 순례성당 배치도

영국에서의 실험

영국은 1533년 헨리 8세 때 국왕을 수장으로 하는 영국교회를 설립한 이후 엘리자베스 1세 때에 이르러 국교회제도가 확립되었다. 종교개혁 이전의 가톨릭 성당은 곧 성공회(영국교회)로 전환되었다. 하지만 기본적인 교리와 전례의 유사성 때문에 새로운 교회 건축양식이 만들어진 것이 아니라 중세 고딕의 전통을 고수하여 왔다.

1790년의 구제법(Relief Act)[1] 이후 가톨릭 신앙이 다시 공인되는 등 1850년부터는 그리스도의 모든 교단과 종파가 자유로이 선교활동을 하고 있다. 성공회 건축에 일부 신고전주의 양식이 등장하지만 1850년부터 1950년에 이르기까지 100년 동안 영국의 교회 건축은 고딕 복고주의가 지배하게 된다.

19세기 말 베네딕도회를 중심으로 벨기에와 독일에서 시작된 전례운동의 영향은 1950년대 와서야 비로소 영국 교회건축에 나타나기 시작한다. 피터 하먼드(Peter Hammond), 로버트 머과이어(Robert Maguire) 등에 의한 이론적 연구와 논의가 활발히 진행되었고, 프레데릭 기벌드 경(Sir Frederic Gibberd)과 바실 스펜스 경(Sir Basil Spence)의 기념비적인 대성당 건축, 세계의 이목을 집중시킨 국제 현상 설계 등이 영국 현대교회 건축의 랜드 마크가 되었다.

커벤트리 대성당
(Cathedral of Coventry, Coventry, 1954-1962)

커벤트리 대성당은 지금까지의 거의 모든 복고적인 영국 교회 건축을 부흥시키는데 이바지한 건물이다. 이 성당의 건립으로 야기된 많은 논쟁과 갈채는 건축예술상의 우수성보다 그것의 영향에

주 1) 가톨릭 신자들이 토지 등의 부동산을 소유하고 영국시민으로서의 불이익을 당하지 않고 가톨릭 예식을 치를 수 있도록 허용한 법. 이로써 종교개혁 후 박해로부터 벗어나 가톨리시즘이 부흥하게 되었다

더 가치를 두게 한다.

잉글랜드 중심부에 위치한 커벤트리(Coventry)는 성곽으로 둘러싸인 작은 도시로서 종교개혁 이전 12세기부터 가톨릭 교구의 중심으로서 많은 교회들이 산재해 있었다. 14세기에 현재의 자리에 지어진 성 미카엘(St. Michael)성당은 원래 대성당이었으나 16세기 교구의 중심이 리취필드(Lichfield)로 옮김에 따라 오랫동안 일반 교구성당으로 존재하다 1918년 다시 성공회의 대성당이 된다. 15세기 이후 커벤트리는 번영하여 중부의 중요한 상업도시가 된다. 가죽, 유리, 시계 등의 수공업이 발전하여 일찍부터 길드가 조직되었으며(각기 길드는 대성당 내에 그들의 채플을 갖고 있었다.) 근대에는 정밀 기기로부터 미사일, 항공기, 자동차 공업의 중심지가 되었으며, 20세기 들어와서 인구의 급격한 증가로 도시는 더욱 발전하였다.

1940년 11월 4일 독일군의 야간공습으로 시 중심에 위치한 성 미카엘 대성당은 파괴되어 외벽체와 첨탑 일부만이 남게 된다. 며칠 후 동쪽 끝 잿더미에서 발견된 검게 탄 오우크재의 십자가(12피트, 8피이트의 지붕보가 서로 십자형태로 묶여서 발견됨)는 오늘날 세계적으로 유명한 '목탄 십자가'(Charred Cross)가 되었으며 현재 옛 성당 폐허의 돌제단 뒤에 세워져 있다. (반달리즘(vandalism)의 우려 때문에 진짜는 지하에 보관하고 현재 모조물이 세워져 있다.) 또한 폐허에 흩어져 있던 14세기에 손으로 단조한 큰 못으로 십자가 형태를 만들었는데 이것이 커벤트리 대성당의 상징이 되었다. 세 개의 못으로 만든 십자가는 분열된 교회의 화해와 일치의 상징으로 세계 여러 성당에 보내졌다.

그림 1. 커벤트리 성당(1962)

국제 현상설계(218점 출품)를 거쳐 선택된 바실 스펜스(Basil Spence, 1907-1976)의 안은 옛 성 미카엘의 폐허를 그대로 두고, 그것을 통과해 새 성당으로 접근토록 배치함으로써 과거를 회상할 수 있게 하고, 잊혀지지 않는 경험을 구성할 수 있게 하였다. 바실

스펜스는 옛것으로부터 비롯된 새것을 원했고 이 둘 사이의 변화 연결을 매우 재치 있게 다루었다. 그리하여 일종의 희생물인 옛것과 부활된 새것 사이에 시각적인, 정신적인 접촉이 유지되었다. 성당의 남쪽 벽은 유리로서 성인과 천사가 엣칭(etching)되어 있다. 빛이 적절하면 이 엷은 막을 통해 멀리 있는 높은 제단을 볼 수 있으며, 성당을 나올 땐 환한 상태에서도 부서진 옛 성당의 잔존과 유리의 엣칭 그림이 뒤엉켜 독특한 장면을 연출한다.

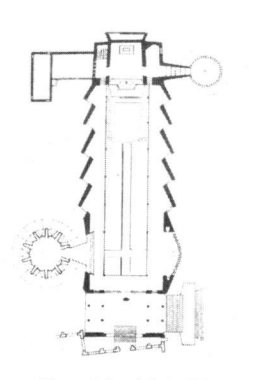

그림 2. 성당내부에서 입구를 봄(엣칭 창을 통해 옛 성당의 폐허가 보인다.)

그림 3. 커벤트리 성당 전정 옛 성당의 폐허를 통과해 진입한다.

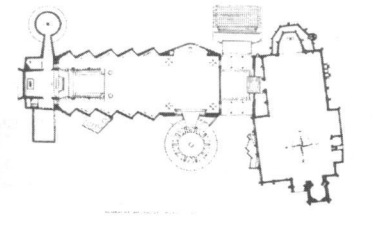

그림 4. 커벤트리 성당 배치도. 신축성당과 예성당, 그 사이가 주출입구다.

성당 안으로 들어서면 네이브(nave)의 넓은 공간, 우아한 천장 캐노피, 그리고 타피스트리로 된 영광스러운 그리스도상이 멀리 보인다. 오브 아럽(Ove Arup)에 의해 디자인된 가느다란 십자형 단면의 P.C 기둥과 방사 리브의 천장은 외벽과 아무런 구조적인 관계가 없는 오직 내부의 천장 캐노피만을 지지하기 위해 존재한다. 어느 정도 영국고딕의 수직양식과 유사하지만 이 천장은 측벽으로부터 시작하지도, 끝까지 올라가지도 않는다. 더욱 가늘어진 열주는 인접한 창들을 더욱 잘 보이게 하지만 나아가면 시각적인 불안감을 느낄 정도로 가늘어 보인다. (실제 일반인들은 가는 기둥에 불만이 많다고 한다.)

그림 5. 커벤트리성당 평면도

그림 6. 커벤트리 성당 내부

높이 78피트, 폭 38피트의 타피스트리(아마 단일 조각으로는 가장 클 것이다)는 벽면에 붙어있는 것이 아니라 벽을 가득 채운 것 같은 인상을 준다. 하지만 이것은 제단과 어울리지 않고, 기하학적인 요소와 누에고치 같은 형상이 어색하고, 건축과 조화되지 못하는 감도 있다. 인상적이긴 하나 성가대석 위의 가시관과 주교좌 위의 가시관형 천개는 지나치게 선동적이며, 파이프 오르간의 파이프 역시 과도하게 노출되어 있다. 성당 끝 부분인 지성소에 실제 너무 많은 것이 집중되어 있어 이런 장애물로 인해 높은 제단이 잘 보여지지 않는다.

이 성당의 가장 뛰어나 예술품 – 직업적인 예술가로서 당대 영국의 가장 뛰어나 바실 경은 찬양 받을 만하다. – 은 입구로 들어서는 즉시 동쪽 우측에서 볼 수 있다. 그것은 바닥에서 천장까지 세례당의 움푹 들어간 곳을 채우고 커벤트리의 일상적인 흐린 날에도 감지할 수 있는 온기와 광택으로 가득 찬 존 파이퍼(John Piper)에 의해 만들어진 두터운 스테인드글라스 벽이다. 그것은 성령과 생의 선물로 훌륭한 착상을 보여주고 있다. 세례당의 맞은편에 외부와 연결된 '일치를 위한 보편적 교회'의 채플이 있고, 제대 뒷 편에는 성모채플, 성모채플 우측에 겟세마네의 그리스도 채플과 밖으로 돌출된 원형 평면의 그리스도 봉사자 채플이 있다.

그림 7. 세례당 색유리벽

네이브의 좌우 측벽에 5개씩 길게(70 피이트)내린 스테인드글라스의 창은 제대를 향해 비스듬히 배열되어 있는데 각기 다른 색채로 인생을 표현하고 있다. 소년의 녹색, 젊은이의 열정을 나타내는 적색, 중년의 짙은 청색, 노년의 자주색을 거쳐 마지막 황금색은 내세를 상징하고 있다.

이 건물이 종교와 예술 부흥의 상징으로서 대중적인 찬사와 함께 논쟁을 불러일으킨 것은 바실 경의 건물 디자인과 파이퍼의 스테인드글라스이다. 파괴된 옛 성당의 잔존에 새 성당을 연결·병치함으로써 죽음과 부활, 신의 불멸을 상징한 것은 훌륭한 착상이 아닐 수 없다. 건물의 형태 구조 등이 과거와의 단절을 표현하고 있는 것처럼 보이지만 사실은 전통적인 것이다. 바실 경은 당대 영국의 뛰어난 건축가로서 전통적인 재료를 선호하면서 많은 기념비적인 건축을 남겼다. 그러나 조각적인 형태의 디자인 등 건축을 사회적인 봉사로 보지 않고 개인적인 예술표현으로 간주한 그는 또

그림 8. '일치를 위한 보편적 교회' 채플

그림 9. 입구 상부의 엣칭 창

한 비판도 적지 않게 받았으며 커벤트리 대성당도 그 중의 하나이다.

죤 파이퍼의 스테인드글라스 역시 창의 디자인과 대성당에 통합되는 방식이 전통과의 파격적인 단절을 나타내었기 때문에 큰 논쟁을 불러 일으켰다. 그러나 결과적으로 당대 유명한 낭만주의 화가인 그와 협동한 페트릭 레이티엔(Patrick Reytien)은 영국에 스테인드글라스 예술을 부흥시킨 큰 공헌을 하게 된다. (이 팀은 리버풀 대성당에서 또 한번 놀란 만한 작업을 하였다.)

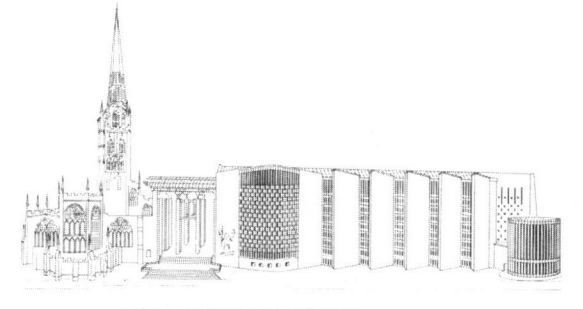

그림 10. 코벤트리 성당 동측 입면도

1990년 11월14일 통일 독일은 평화의 상징으로 커벤트리 대 성당에 종을 봉헌하였으며, B.B.C. 방송을 통해 전국에 방영되었다.(커벤트리 대성당은 B.B.C.의 스튜디오가 설치된 첫 성당이다)

보우 커먼 성 바오로 교회
(Church of St. Paul, Bow Common, London, 1958-1960)

성공회 보우 커먼(Bow Common) 교회당은 전후 영국 현대 교회건축의 최초의 실질적인 시도이며, 전례운동(Liturgical Movement)의 적극적인 최초의 표현이다. 설계자 로버트 머과이어(Robert Maguire)와 케이스 뮤레이(Keith Murray)는 수년간 교회건축의 기능적인 계획을 분명히 표현하는데 노력하였던 젊은 건축가

그림 11. 보우커먼교회 외관

들이다. (그들은 1965년 *Modern Churches of the World*를 출판한다.) 머과이어는 전례운동의 새로운 인식이 교회건축의 문제를 근본적으로 다시 생각해야 할 것을 요구하고 있다고 확신하였다. 그는 성직자와 일반 신도들이 예배 중에 그들의 역할을 다할 수 있도록 제대와 긴밀히 관계 맺을 것을 시도하였다.

이동 가능한 200석(500석까지 확장 가능) 규모의 이 건물은 선구자적인 대담하고 다소 실험적인 측면에서 평가되어야 한다. 런던 이스트 앤드(East End)의 이 지역은 당시 11층의 아파트군으로 재개발 될 예정이어서 어떤 형태로 주변 환경이 변모할지 모를 상황이었다. (그 동안 예상과 달리 신도수의 감소로 교회 자체는 침체해 있었다.)

그림 12. 보우커먼 교회 내부

이 교회의 평면은 단순하다. 내부의 낮은 네이브(nave) 주위를 낮은 측랑(aisle)으로 둘러싼 정방형에 가까운 장방형이다. 약간은 어색하지만 독특한 채광창(lantern)아래에 제대가 위치하며, 성단구역은 바닥포장으로 구분된다. 회중은 북서측 코너에 위치한 8각 현관을 통해 들어오며 세례반을 통과하게 된다. 또한 행렬을 위한 입구 문이 동서 주축선상의 서측 벽에 나 있다. 제대 뒤 동쪽과 북쪽에 작은 채플이 돌출되어 있고 동쪽 코너에는 사제관과 주일학교가 연결되어 있다.

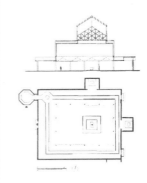

그림 13. 보우커먼 교회
단면 및 평면도

회중은 제대주의로 둘러싸 앉도록 되어 있고 제대를 제외한 모든 것은 옮길 수 있도록 되어 있다. 성당을 구분하는 주철로 된 이디큘러(aedicula)가 단두대처럼 보이는 등 디테일의 밝은 빛이 안락한 내부공간을 약속한다. 이 교회는 영국교회 건축의 살아있는 전통을 재창조한 랜드마크로서 주목받고 있다. 건물자체 보다 개념으로서...

리버풀 대성당
(Metropolitan Cathedral of Christ the King, Liverpool, 1962-1967)

가톨릭 리버풀 대성당(Metropolitan Cathedral of Christ the King, Liverpool)은 전후 건설된 유럽 최대의 교회 건축이다. (프랑스 루르드 성지의 거대한 지하 바실리카(22,000명 수용)를 제외하면) 영국에 가톨릭이 다시 일어나게 된 것은 1850년 이후이다. 아일랜드의 기근으로 인해 수많은 아일랜드인(50%이상이 가톨릭 신자)이 영국에 이주하게 되고 특히 리버풀을 중심으로 노동자 계층에 가톨릭 인구가 증가하면서 1850년 가톨릭 교구가 설립되고 교계제도가 복권하게된 것이다.

종교개혁이전 리버풀 지역에는 대성당이 없었다. 이 지역은 오랫동안 리취필드나 커벤트리, 체스터 교구에 속해 있었다. 그러나 이 지역 가톨릭 인구의 급증으로 대성당 건립의 필요성이 대두되자 당시 신학교가 있었던 에버튼(Everton)에 에드워드 웰비 퓨진(Edward Welby Pugin, 1834−1875)에 의해 첫 건물이 설계되고 일부가 준공되었다. 그 디자인은 중앙에 거대한 첨탑이 전체를 지배하는 전통적인 양식이었다. (1963년 파괴되고 이 지역은 빈민들의 주거지역으로 사용되었음)

그림 14. 퓨진의 설계(에버튼)

1930년 교구에서는 대지의 일부를 매각하여 자금을 마련하고 에드윈 루티엔 경(Sir Edwin Lutyen)에게 설계를 의뢰하였으며 교황 비오 11세의 제의에 따라 대성당을 그리스도왕에게 봉헌키로 하였다. 루티엔 경의 디자인은 중앙에 직경 168피이트에 달하는 거대한 돔 (내부높이 300피이트)과 주변의 베렐 보울트로 구성되는 웅대한 로마네스크 양식의 건물이었다. (도합 53개 제대가 놓여지며 랜턴 꼭대기까지의 높이는 무려 520피이트에 달했다.) 1941년 전쟁으로 중단할 때까지 공사는 진척되어 지하 크립트(crypt)가 완공되었다. (현재 남아 있음)

그림 15. 루티엔경의 설계

전쟁 후 공사를 재개하였는데 에어드리언 기버트 스컷트 (Adrian Gibert Scott, 1882-1963)에 의뢰하여 루티엔 경의 계획을 축소 수정토록 하였다. 그러나 1960년 신임 대주교 죤 카멜 히이난 (John Carmel Heenan)은 '우리시대의 대성당' 건립을 위해서 지금까지의 계획안을 완전히 백지화시키고, 기존의 지하 크립트만 살리되 완전히 모던한 대성당 디자인을 현상설계에 부쳤다. 설계 조건은 5년내 완공이 가능하고, 전례의 새로운 정신에 부합하며 경제적인 구조와 시공방식의 채택이었다. 세계 여러 건축가들(300점 신청)의 작품 중에서 프레데릭 기벌드(Frederick Gibberd, 1908-)의 안이 선택되어 1962년 착공되어 1967년 준공되었다.

그림 16. 길버트 스컷트에
의한 수정안

프레데릭 기벌드는 전후 영국의 건축과 도시계획, 랜드스케이프의 디자인에 지대한 공헌을 한 인물이다. 그는 버밍험 건축학교 (Birmingham School of Architecture)에서 수학하고 런던에서 설계 활동을 하였는데 적은 비용, 기능, 인간과 환경에 특히 관심이 많았다. 한때 A.A. School의 교장을 역임(1942-1944)하기도 한 그는 할로우 뉴타운(Harlow New Town)계획, 히드로우(Hearthrow) 공항 확장계획 등 다양한 설계 작품이 있는데 역시 리버풀 대성당이 그의 대표작이라 할 수 있다. 1967년 기사(Knight) 작위를 수여받았다.

대성당은 기존의 지하 크립트(루티엔 경 설계) 위의 거대한 데크에 건축되었는데 주 출입구는 동측 마운트 플레선트(Mount Pleasant)거리에서 직각으로 꺾인 경사로를 통해 접근될 수 있다. 경사로의 정점에서 직각으로 우회전하면 바로 90피이트 높이의 종탑을 만나게 되고 그 하부에 주출입구 현관이 있다.

그림 17. 리버풀 대성당

현관 파사드의 좌우 벽면은 날개 달린 4복음서 저자 - 성 마태오의 인간, 성 마르코의 사자, 성 루가의 황소, 성 요한의 독수리 -의 상징을 묘사한 부조 판넬로 되어 있다. 현관 상부에는 윌리엄 미첼(William Mitchell)이 디자인하고 조각한 십자가와 왕관의 패

그림 18. 대성당 내부

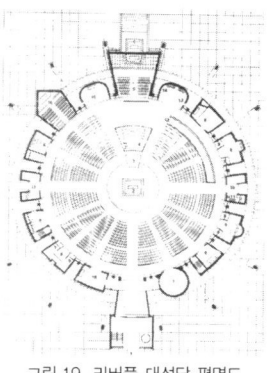
그림 19. 리버풀 대성당 평면도

턴으로 구성된 포틀랜드석(portland stone)의 부조가 있다. 중앙 그리스도의 대 십자가와 좌우 두 십자가(그와 함께 처형된 두 도둑의)가 서로 연결되고 왕관으로 꼬여있는데 이 성당에 봉헌된 '그리스도 왕'을 상징하고 있다. 파사드의 꼭대기에는 4복음서 저자에게 봉헌된 4개의 종이 달려 있는데 (각기 크기다 다르다) 전기로 작동되며, 각기 간격을 두고 조화롭게 울리도록 되어 있다.

슬라이딩 출입문을 통해 들어가면 15피이트 높이의 현관이 되는데 지하 주차장과 연결된 리프트(lift)와 계단이 좌우에 있다. 현관으로부터 금색 유리문으로 연결된 거대한 성당 내부로 들어가면, 즉각 중앙의 주제단(high altar)에 눈이 가게 되고, 제단 상부의 거대한 캐노피가 점차 시야에 들어오게 된다. 그리고 성단의 최정점인 색유리의 랜턴탑으로 시선을 유도한다.

이 탑은 분명 본 성당의 가장 중요하고 두드러진 건축적인 특징으로 디자인했음이 틀림없다. 2,000톤이 넘는 이 거대한 구조물이 주 제단을 전례상으로나 건축적으로 건물 내외의 초점을 만들면서 중앙 성단(sanctuary)위에 떠 있다. 이 점에 있어서 내부와는 상관없이 솟아있는 지금까지의 수많은 대성당의 탑과는 다른 것이다.

이 탑을 건축하는데 있어서 설계자 프레데릭 기벌드 경은 스테인드글라스의 걸작을 위해서 독특한 프레임을 디자인하였다. 이것이 화가 죤 파이퍼와 스테인드글라스 아티스트인 페트릭 레이티엔을 고무하며 그들로 하여금 그리스도 신앙의 최고의 진리인 삼위일체를 하나의 거대한 창에 추상적으로 표현하게 하였다. 탑의 드럼 둘레에 연속된 스펙트럼의 색이 신의 위격을 표현하는데, 백광의 3가지 섬광이 3가지 위격 – 성부, 성자, 성신 –을 나타낸다. 밤에는 탑의 내부로부터의 조명에 의해 어두운 도시의 상부에 빛나는 색광의 등대가 된다.

탑의 바로 아래 성당의 중앙에 성단이 자리잡고 여기에 주제단과 주교좌가 놓인다. 제대는 유고슬라비아에서 채석된 흰 대리석의 장방형 블록이며, 제대 위 은촛대는 시선의 방해를 막기 위해 매우 낮으며, 가늘고 긴 십자가상의 그리스도는 팔을 벌린 구원의 모습을 하고 있다. 제대 위에는 제대를 상징적으로 보호하는 거대한 파이프로 구성된 천개(天蓋)가 매달려 있으며 제대와 성가대석 사이에 주교좌가 위치한다. 50석의 성가대석에는 4개의 건반과 108개의 음전(stop)이 장치된 오르간 연주대가 있는데 여기서 울려퍼지는 소리는 이 거대한 성당의 내부 볼륨을 채우며 전체를 하나로 통합하는 강력한 힘으로 작용한다.

원형의 회중석이야말로 이 대성당의 근대적인 디자인의 기초가 된다. 이 평면의 목표는 2,300명의 회중들이 모두 제대를 중심으로 전례에 적극적으로 참여 할 수 있게 하는 것이다. 주교좌의 대주교도 그 스스로가 신의 말씀을 듣고 반영하는 예배자 무리의 일부가 되게 한다.

원형 회중석 둘레에는 여러 채플과 세례당의 공간들이 부가되어 있다. 주현관에서 회중석으로 들어와 바로 오른편에 원형 평면의 세례당이 위치하며 그 중앙에 단순한 형태의 세례반이 있고 천장으로부터 빛이 떨어진다. 주변의 10개의 채플들은 각기 형태와 장식, 빛이 다르며 특징적인 분위기를 연출한다. 입구 정반대쪽의 성찬채플은 사다리꼴 평면으로서 가장 큰데, 삼각형의 색유리창과 제대 뒷벽면의 감실을 덮은 병풍의 노랑색 주조의 배색이 특징적인 분위기를 낳고 있다. 이 벽체는 또한 지하 크립트 위의 데크가 제공하는 옥외 미사광장의 제대 배경이 되기도 한다. 제대 뒷벽이 삼각형으로 돌출된 성모 성당은 여성같은 부드러움과 우아한 분위기를 연출하는데 좁고 긴 창은 따뜻한 금빛 색조의 스테인드글라스로 채워져 있다.

그림 20. 성찬 채플

지하 크립트는 북쪽 데크로부터 접근이 가능한데 거대한 벽돌 버트레스에 의해 4개의 공간으로 구분되며, 벽돌조의 베렐보울트가 조용한 드라마를 연출하고 있다.

그림 21. 지하 성당(crypt)

20세기 후반의 교회건축

20세기는 교회건축사에 있어서 변혁과 황금기였다. 그리고 그것은 기술과학의 발전과 사회경제적인 변혁, 휴머니즘, 민주주의, 자본주의, 공산주의 등의 시대사상과 현대신학 등에 기인한 것이지만, 무엇보다도 교회의 역할과 전례양식의 변화가 직접적인 동인이 되었다.

과학 기술의 급속한 발달은 우리의 의식을 확장시켰고 인간의 자율성에 중요한 기여를 하였다. 이러한 과학 기술의 성장은 보다 나은 미래의 유일한 보장이라는 신념을 낳았고, 상대적으로 종교는 시대에 뒤떨어진 것으로 간주되어 종교의 필요성이 감소되었다. 그러나 모든 것이 정리·규정·보증되어야 하는 과학기술의 시대에도 인간의 힘으로는 어쩔 수 없는 것이 많으며, 명상, 신념, 비탄, 희열 등과 같은 종교심의 흔적이라 할 수 있는 것들이 남아 있다. 따라서 종교는 과학기술이 지배하는 물질적 삶에 보족적인 것이 될 수 있을 뿐 아니라, 나아가 우리 사회의 삶의 구조적 체계를 갖춘 일종의 공동사회를 형성하는 매개물이 될 수 있다.[1] 여기에서 '교회는 신과의 재연합(re-association with God)' 및 '사회와의 재연합(re-association with society)'으로 현대 사회에 적극적인 기여를 할 수 있는 것이며, 현대사회에 보조를 맞추기 위한 교회의 역할 변화는 교회건축의 사회화, 세속화(비성역화) 경향을 초래하고 있다.

세계대전의 직접적인 피해와 이념적인 건축 및 교회운동의 중심이었던 유럽의 교회는 20세기 후반에 들어서면서 침체의 길로 접어들게 된다. 그러나 그들은 탈이념과 다원주의 시대에 대응한 새로운 건축개념을 교회건축의 역사성과 정통성, 토착성의 바탕위에 모색하고 있다.

20세기 후반의 주요 유럽 교회건축을 살펴본다.

주 1) Reinhard Gieselmann, New Churches Architectural Book Publishing Co., 1972, p.8

빌헬름 황제 기념 교회당
(Kaiser-Wilhelm Gedächniskirche, Berlin, 1959-1963)

전후 베를린시에서 가장 잘 알려진 기념비적 건물은 아마도 서베를린의 중심부에 위치한 빌헬름 황제 기념 교회당(Kaiser Wilhelm Gedächniskirche, 1959-63)일 것이다. 독일의 합리주의 건축가 에곤 아이어만(Egon Eiermann, 1904-70)이 현상 경기를 통해 설계한 이 건물은 그간 많은 논쟁과 비판을 불러 일으켰다.

그림 1. 빌헬름 황제 기념 교회당

아이어만은 한스 샤로운(Hans Scharoun)과 함께 전후 독일에서 가장 논의의 중심이 된 인물이다. 조각적 매스의 가능성을 추구한 샤로운과 대조적으로 그는 정연한 논리를 바탕으로 구조체의 표현과 정밀한 구조와 기능을 추구하였는데 이 베를린 기념 교회당에서도 그의 특징을 유감없이 발휘하고 있다.

그림 2. 교회당 내부 제단

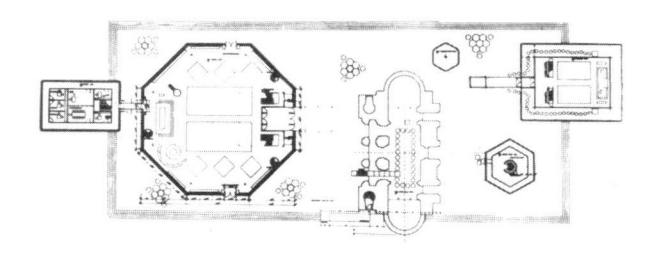
그림 3. 빌헬름 황제 기념 교회당(베를린, 1959-1963) 전체 배치도

그림 4. 파괴된 옛 교회당
(1891-1895)

그는 폭탄에 의해 폐허가 된 프란츠 하인리히 쉬베흐턴(Franz Heinrich Schwechten)이 설계한 네오·로마네스크 양식의 옛 교회당의 부서진 첨탑(spire)을 그대로 보존하면서 그것을 가운데 두고 8각형, 6각형, 장방형의 순수 기하학적인 오브제를 배열하였다. 5개의 조형적인 오브제가 동일한 플랫폼 상에서 세속적인 기능과 종교적인 기능으로 세분되어 있다. 그 중 순수하고 기계적인 8각 프리즘의 새 교회당은 옛 탑에 대한 대위법으로서 미적이고 심리학적인 언어를 구사하면서 근사하게 그 기능을 발휘하고 있다. 베를린 한복판이 교란상태에 있을 때 조용히 그리고 냉정하게 퇴각

한 옛 교회당에서의 용감했던 집회를 반영하고 있는 듯 하다. 주조적인 파란색과 2차적인 빨강·노랑색의 활기로 8면의 창은 이 본당 내부를 빛으로 가득 채우면서 번잡한 주변의 소음으로부터 완전히 절취된 명상의 공간을 만들고 있다.

베톤그라스(Beton-glass)의 세트로 된 2중벽 - 내·외부 유리벽 사이가 1.5m에 달하지만 대부분의 사람들은 이를 인지하지 못한다 - 이기 때문에 내부공간이 평온하고 조용한 특징을 갖는다. 외부 소음지대(번잡한 상업가로의 교차점에 위치하고 있다)로부터의 거의 모든 소리가 차단되게 된다. 더욱이 이 벽을 더욱 아름답게 빛내주는 인공조명들은 외부조건에 따라 켜졌다 꺼졌다 한다. 그 결과로 내부 효과는 회중들을 완전히 둘러싸는 색깔있는 막을 설치하기 좋을 뿐만 아니라, 어두워진 후에도 바깥은 똑같이 풍요롭게 빛난다. 해질 무렵의 교회는 시끌벅적한 도시로부터 환영받는 피난처를 약속하듯 포근한 광경을 연출한다.

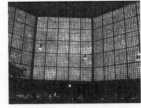

그림 5. 베톤그라스의 이중벽

입구 맞은 편에 단순한 제단이 위치하고 제단 상부에 황금빛 십자가가 걸려있으며, 왼쪽에 세례반, 오른쪽에 설교단이 자리잡고 있다. 제단 뒤쪽 커텐으로 드리워진 계단은 부속실과 성구 보존실이 있는 지하실로 내려간다. 성가대와 거대한 오르간은 입구 위의 발코니에 있다.

외관은 철제 프레임과 와플(waffle) 패널구조로 구성되어 있다. 조립된 검은색 철제 프레임이 벌집모양의 흰색 패널을 더욱 돋보이게 한다. 외벽 패널의 한 유니트는 5×5의 벌집같은 구멍이 뚫린 정사각형이며, 내벽의 패널은 더욱 친숙한 내부규모에 적합할 뿐 아니라 높이는 같지만 폭은 보다 좁아 -내외벽 평면상의 직경 차가 3m이다- 가로 세로가 7:8이다.

마리아 레지나 순교기념 성당
(Maria Regina Martyrum, Berlin, 1960-1963)

베를린 시의 샤를로튼부르크(Charlottenburg)에 위치한 마리아 레지나 순교기념 성당(Maria Regina Martyrum, 1960-63)은 나찌 독일(1933-45)의 치하에서 희생된 순교자들의 고귀한 신앙과 양심을 기리기 위해 건립된 가톨릭 성당이다. 이곳에서 약 1.4km 떨어진 플롯즌세 소년원은 당시 부녀자와 어린이를 포함하여 약 2500명의 무고한 사람들이 그들의 신앙과 양심을 피로서 증거했던 악명 높은 플롯즌세(Plotzensee) 감옥이 있었던 곳이다. 이 성당은 다른 2개의 인접한 개신교 교회(Sühne-Christi Kirche, Plotzensee Gemeinde Zentrum)와 함께 나찌 치하에서 순교한 모든 이들과 유태인의 무고한 희생에 대한 독일인의 참회와 의무의 표현으로 봉헌되었다. 따라서 이 성당은 교구본당의 기능을 가지면서 동시에 순례성당의 기능을 갖고 있어 강한 상징체계가 주목을 끈다.

주 2) Schnell, *Maria Regina Martyrum*, 1989, p.2

그림 6. 마리아 레지나
순교성당(1960-1966) 전경

그림 7. 마리아 레지나
순교성당 종탑

현상 경기를 통해 한스 쉐델(Hans Schädel)과 프리드리히 에버트(Freidrich Ebert)가 설계했다. 사방이 벽으로 둘러싸인 장방형 뜰의 한쪽 성당은 들어올려져 있다. 널찍하고 음침하게 현무암 자갈로 덮힌 이 뜰은 의식광장으로 8000명의 야외 미사와 집회를 위한 공간을 제공한다. 이 광장의 주입구는 남동쪽 벽을 따라 청동으로 조각된 십자가의 길에 의해 강조되어 생동감을 지닌다. 이 십자가의 길의 각 처소는 매우 완만한 경사로서 성당 하부 필로티의 야외 제단까지 이르는데 순례는 뜰을 지나면서 최고조에 달한다. 이것은 상징적으로 골고다로의 길을 재현한 것이다.[2]

성당은 상자(box) 형태이지만 뜰을 약간 가로지르고 있으며, 그것은 '죽음'을 초월하는 '영광과 상징'을 나타낸다. 성당의 입구 상부의 벽면에는 빛나는 금박의 브론즈 부조가 있는데, 반추상적인 주제는 그리스도와 사탄 간의 싸움을 비유적으로 나타낸 것으로 다음과 같이 시작되는 요한 묵시록 12장에서 유래한다. "그리고 하늘에는 큰 표징이 나타났습니다. 한 여자가 태양을 이고 달을 밟고 별이 열두개 달린 월계관을 머리에 쓰고 나타났습니다." 입구 유리문을 통해 들어서면 곧장 윗층(성당)으로 올라갈 수 있는 계단을 만나게 되며, 계단 좌측에 서점, 계단 뒷편에 60석의 어둡고 묵상적인 기도실과 감동적인 피에타(Pieta)상이 있다.

2층 성당은 거친 노출 콘크리트벽과 콘크리트 및 나무로 된 천장으로 이루어진 직사각형의 모양을 하고 있다. 그러나 의식적으로 장식을 억제한 엄격성은 천장과 끝 벽으로부터 옆벽을 구획하는 공간과 성단 벽을 뒤덮고 있는 거대한 프레스코 벽화에 의해 다소 완화되어 있다. '가벼운 골조'는 내부의 어떠한 제한도 완화 시켜 주며, 게다가 광원을 직접 보여주지 않는 자연광의 유입은 만족함을 더해 준다. 인공조명(형광등)은 천장의 홈을 따라 설치되어 있다. 벽화 주변에 가벼운 눈부심의 빛이 있지만 크게 문제될 것은 없다. 벽화 자체가 십자가의 역할을 하는데 그렇게 성공적인 것은 아니다. 벽화의 주제는 금박 부조와 마찬가지로 요한 묵시록(5장 6절)에서 따온 것이다. "나는 또 옥좌와 네 생물과 원로들 가운데 어린양 하나가 서 있는 것을 보았습니다. 그 어린양은 이미 죽임을 당한 것 같았으며 일곱 뿔과 일곱 눈을 가지고 있었습니다. 그의 눈은 하느님께서 온 땅에 보내신 일곱 영신이십니다."

계단 상부의 갤러리에는 파이프 오르간과 성가대석이 위치하며, 계단 뒷편에는 성찬 채플이 있다.

그림 8. 마리아 레지나
순교성당 내부

그림 9. 마리아 레지나
순교성당 평면도

세례자 요한 성당
(San Giovanni Battista, Firenze, 1960-1963)

이태리 피렌체 북쪽 외곽에 위치한 기념비적인 세례자 요한 성당은 조각과 건축이 일체화된 작품으로 유명한 성당이다. 고속도

로변에 위치한 이 성당은 고속도로 건설 중에 희생된 수많은 노동
자들을 위해 봉헌되었다. 고속도로에서 바라보면 하나의 조각물처
럼 인식되기도 하고 중세의 성채를 연상하기도 한다. 강한 조형성
을 보여주는 외관형태는 철근콘크리트 구조에 백색 대리석 계통의
잡석(San Giuliano석)으로 조적한 벽체와 푸른색 부식 동판을 씌운
지붕으로 양분된다.

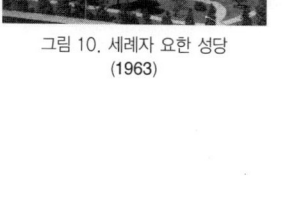
그림 10. 세례자 요한 성당
(1963)

주출입구는 고속도로 반대편 동쪽에 나 있는데 문 앞에는 마치
성곽의 반달문처럼 돌담이 둘러쳐 전정(atrium)을 만들어준다. 정
문은 청동부조가 된 거대한 미닫이문인데 믿기지 않을 정도로 유
연하게 열리며, 평상시에는 측면에 나있는 안내실 연결 쪽문으로
출입할 수 있다. 정문은 두 짝으로 페리클레 홧찌니(Pericle
Fazzini)의 '모세의 기적'과 '아기 예수의 탄생'이 고부조로 조각
되어 있다. 이는 신이 정한 길을 향해 나아가는 이스라엘의 수많은
여정을 깨닫고, 이미 오신 예수 그리스도를 향해 나아가는 인간의
보편적인 상징이다.

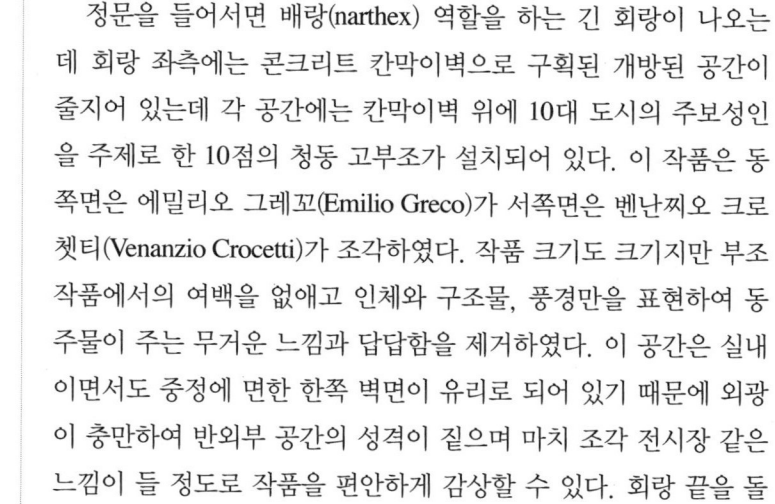
그림 11. 세례자 요한 성당
평면도

정문을 들어서면 배랑(narthex) 역할을 하는 긴 회랑이 나오는
데 회랑 좌측에는 콘크리트 칸막이벽으로 구획된 개방된 공간이
줄지어 있는데 각 공간에는 칸막이벽 위에 10대 도시의 주보성인
을 주제로 한 10점의 청동 고부조가 설치되어 있다. 이 작품은 동
쪽면은 에밀리오 그레꼬(Emilio Greco)가 서쪽면은 벤난찌오 크로
쳇티(Venanzio Crocetti)가 조각하였다. 작품 크기도 크기지만 부조
작품에서의 여백을 없애고 인체와 구조물, 풍경만을 표현하여 동
주물이 주는 무거운 느낌과 답답함을 제거하였다. 이 공간은 실내
이면서도 중정에 면한 한쪽 벽면이 유리로 되어 있기 때문에 외광
이 충만하여 반외부 공간의 성격이 짙으며 마치 조각 전시장 같은
느낌이 들 정도로 작품을 편안하게 감상할 수 있다. 회랑 끝을 돌
아 왼쪽으로는 세례당, 오른쪽으로는 성당으로 연결되는데 성당으
로 들어가면 예기치 못했던 세계가 전개된다.

나뭇가지처럼 뻗은 노출콘크리트의 기둥들, 완만한 구배로 걸쳐진 볼록한 노출콘크리트의 천장(마치 천막 같다), 천장 사이사이로 부드럽게 들어오는 빛, 제단 후면의 스테인드글라스 창 등이 신비의 장소를 만들어준다. 제단과 입구의 종축이 짧은 대신 횡축은 거의 2배가 넘게 길며 그 양끝에 부 제단이 놓이고 주 제단 뒤편에 제의실이, 주 제단 맞은편에 2층 성가대석이 배열된다. 제의실 곁에 부출입구가 있어 오른편 회중석 공간의 주변으로 배열된 측랑을 통해 성당 안으로 들어올 수 있게 되어 있다. 성당과 배랑 사이에는 좁고 긴 중정(cloister)이 있어 각 공간에 적절한 빛을 유입시켜준다.

그림 12. 나르텍스 회랑

그림 13. 성당 내부

이 성당은 마치 순례성당처럼 긴 회랑과 복도를 구성하여 입구에서 제단에 이르는 과정 속에 다양한 시각적 경험을 갖도록 하고 있다. 당대의 유명 조각가의 감동적인 조각 뿐만 아니라 곳곳에 장인기질이 충만한 조형물들이 산재하는데 촛대, 문고리, 문짝 등 모든 것을 건축가 스스로가 디자인하였다. 조각과 건축이 일체화된 성당이다.

설계자 미켈룻치(G. Michelucci)는 그의 책 『건축 디자인의 변명』(*Justication of Architectural Design*)에서 다음과 같이 말한다. "나는 어떠한 미학이나 기술적인 관심으로부터가 아니라, 이론과 평면, 기술적인 문제와 미학적인 질문에 익숙하지 않은 일반사람들의 반향과 동의에 주목하였다. 그들에게 의미심장한 웅변을 전달하는 방법과 형태를 추구하는 중에 나 자신의 아이디어를 발전시키는 기회를 가졌다."

미켈룻치의 의미 참조는 '텐트' 이다. 이 곳을 지나는 운전자 뿐만 아니라 이 세계에서 다음 세계로 나가는 도정(道程)의 크리스챤을 위한 임시로 머무는 통로를 상징하는 '텐트' 이다. '텐트' 의 의미는 그가 강조하듯이 그의 프로젝트의 출발점은 아니었다. 내부구조를 발전시킨 결과 텐트의 형상이 분명해진 것이다. 미켈룻치는 이태리 기능주의의 리더이다. 그가 설계한 플로렌스의 철도역(1936)은 당시 가장 기능적인 건물의 하나이다. 이 성당은 합리주의를 줄곧 추구하여왔던 한 건축가의 후기 창작품이다. 그는 기본적으로 감성에 호소하는 건물을 디자인 한 것이다.

메겐 비오 성당
(Pius-Kirche, Meggen, 1964-1966)

그림 14. 비오성당 전경

그림 15. 비오성당 내부

주 3) 『CASA BELLA』, 2000, 4, p.24

스위스 매겐의 비오성당은 여러 측면에서 이례적인데 진취적인 성직자의 요구에 의해서가 아니라 투표결과 2/3의 지지로 승인한 시민들의 의사에 의해 지어졌다. 이 건물은 위르겐 외디커(Jürgen Joedicke) 가 "미스 반 데 로에 건축의 잠재력에 대한 순수한 표명이다"라고 표현하듯이 단순성과 투명성으로 뛰어난다.[3]

건축가 프란츠 퓨에그(Franz Füeg)에 있어서 교회는 하나의 집도 아니고, 교구 홀도 아니다. 공동체가 교회 집회로 이루어지는 장소를 한정하는 단지 덮개일 뿐이었다. 그 덮개는 보이긴 하나 거의 비물질화된 철구조체이다. 1.68m 간격의 직립재 사이의 벽은 28mm 두께의 아테네 아크로폴리스의 것과 같은 펜텔리콘 (pentelicon) 대리석 판으로 구성되어 있다. 이 대리석은 반투명이며 성당 내부를 지배하는 요소가 되는데 황갈색에서부터 회청색의 색조를 띤다. 영묘한 벽에 사용된 고상한 재료 때문에 그 인상은

매력적인 공장과 같은 것이 된다. 이 성당을 속세로부터 격리한 것
은 바로 이 재료이다.

성당은 종탑, 사제관, 교회회관과 같이 배치되어 있는데 루체른
호수를 둘러싼 산을 바라보는 성 고타르트(St. Gotthard) 도로 위로
오르는 경사지에 위치하고 있다. 테라스와 광장으로 성스러운 영
역을 그 주변으로부터 확실하게 분리하고 있다. 입구는 부활축제
에 사용되는 광장에 위치하고, 성당 뒤편 경사를 이용해 평일미사
를 위한 소성당이 배치함으로써 도로에 면한 전정으로부터 접근할
수 있게 하였다.

그림 16. 비오 성당 평면도

이 성당은 이태리 만자롯띠(A. Mangiarotti)가 설계한 밀라노의
성자 예수 성당(Chiesa di Mater Misericordiae, 1957)과 개념, 형
태, 구조에 있어 유사하나(내부에 4개의 구조기둥이 PC 콘크리트
슬라브의 지붕을 지지하고, 벽체는 이중 유리 사이에 반투명 단열
박판—폴리에스테르지—를 끼운 것이 다르다.) 보다 더 단순하고
투명하다.

그림 17. 성자예수 성당 내부

무띠에의 '우리 마을의 성모성당'
(Notre-Dame de la Prévote, Moutier, 1963-1967)

스위스 쥬라(Jura) 산악 기슭에 자리한 무띠에의 성모성당은 성
미술운동과 전례운동의 결정체라고 할 수 있다. 15년(1947-1962)
이라는 오랜 준비 끝에 한창 제2차 바티칸공의회가 진행되는 기간
에 지어진 이 성당은 사각형 입방체의 조합으로서 사제와 더불어
모든 신자들의 적극적이고 능동적인 참여의 고무뿐만 아니라 풍부
한 상징언어로 구성되어 있다.

그림 18. 무티에 성당 전경

사각형 평면구조의 대각선을 중심축으로 하여 한쪽 끝 입구에
세례당을, 다른 한쪽 끝에 제단영역을 배열하고 평일 소미사를 위

그림 19. 무티에 성당 내부

그림 20. 입구 세례당

한 측설경당(side chapel)과 기도실(상부는 성가대석)은 사각형 주 공간의 양 귀퉁이에 부가되어 있으며, 한 측면에는 제의실이 제단 한 귀퉁이에서부터 부속 경당에 이르기까지 길게 배열되어 있다.

종탑은 일부러 본당 건물과 떼어서 대각선 주축의 연장선상에 독립하여 바깥세상을 향해 세운 하나의 표시로 서있다. 그렇게 함으로써 본체와 종탑 사이의 뜰은 의미 있는 내외부 공간의 연결을 도모하고 있다. 두 개의 측면 입구가 세례당으로 유도하는데 이는 하느님을 예배하기 위해 모여드는 신자가 거쳐가야 하는 필요하고도 뜻깊은 정화와 회심과 갱생의 길을 의미하는 것이다. 내부공간의 천장 높이는 제단을 향해 점차 높아지며 바닥은 오히려 점차 내려져서 제단을 향한 시청각적인 구심성을 강조하고 있다.

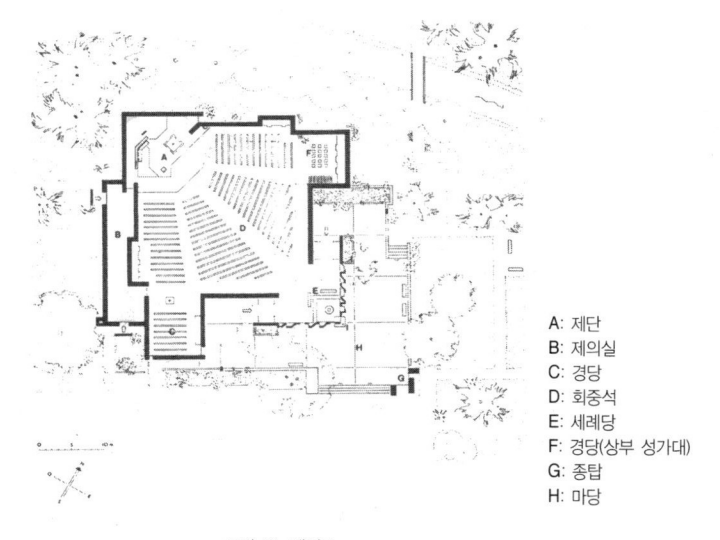

A: 제단
B: 제의실
C: 경당
D: 회중석
E: 세례당
F: 경당(상부 성가대)
G: 종탑
H: 마당

그림 21. 배치도

설계는 바젤의 건축가 헤르만 바우어(Hermann Bauer)이며 주 건축재료는 노출콘크리트와 목재 및 유리이다. 프랑스의 알프레드 마네시에(Alfred Manessier)가 스테인드글라스와 부활 십자가를, 죠르즈 앙리 아담스(Georges Henri Adams)가 제대와 제단 타피스트리를, 그리고 피에리노 셀모니(Pierino Selmoni)가 성모상을 조각하였는데 모두가 비구상적이면서도 주변 자연과 건축(특히 노출

콘크리트 벽면)과 은은한 조화를 이루고 있다.

무띠에 성당은 조형물 하나하나가 뛰어난 예술작품임에도 불구하고 개체로서 드러나기 보다는 전체로서 아름다운 성공을 이루었다. 이것은 "전례거행 자체가 믿음의 내용을 드러내 보이는 것"이라는 공감에서 출발한 공동체와 사제, 건축가, 예술가 사이의 긴밀한 협동의 결과이다.

성모 마리아 승천 성당
(Chiesa di S. Maria Assunta, Riola, 1966-1978)

알바 알토(Alvar Aalto, 1898-1976)의 마지막 작품으로 유명하다. 리올라(Riola)는 이탈리아 중부도시 볼로냐(Bologna)의 남서쪽 20km에 위치하고 있는 주민 약 3000명에 불과한 작은 마을이다. 이탈리아 반도를 남북으로 가로지르는 아펜니노 산맥의 기슭에 자리잡고 있어 경관이 아름답고 평화로운 산골마을이다. 성당 옆으로는 강이 흐르고 있고, 그 건너편으로 철길이 나 있다.

그림 22. 성모마리아 승천 성당

1966년에 계획하여 1977년에 준공되었으나, 종탑은 16년 후인 1993년에 설치되었다. 종탑을 제외하면 외관은 어디에도 교회라는 이미지가 없다.(광장 입구에 있는 성모 마리아 성당을 표시하는 대리석 표식을 제외하면) 오히려 단순한 공장이나 창고처럼 보이기도 한다. 이곳은 하나의 종교시설로서만이 아니라 지역사회의 다양한 공공용도로 사용되기를 바랐기 때문이다. 성당 앞 광장과 함께 이곳은 어린이 놀이터이기도 하고 유아원이기도 하며 양로원

그림 23. 성당 내부전경

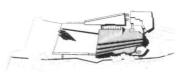

그림 24. 성모 마리아 승천 성당 배치도

그림 25. 성모 마리아 승천 성당 평면도

이기도 하다. 때로는 콘서트홀도 된다.

성당의 평면은 장방형을 변형한 사다리꼴이나 좌우 대칭이 아니며, 제단 쪽을 향하여 투시도 기법으로 내부공간이 구성되어 있다. 제단 우측에 몇 단 낮은 세례당과 성가대석 갤러리가 부가되어 있고 성당 좌측에 사제관과 회합실 등이 별동으로 연결되어 있다. 일체의 장식이 없이 구조체가 그대로 노출되었는데 벽에서부터 기둥, 천장이 흰색 단일톤으로 되어 있다. 공장 채광창 같은 천창을 통해 들어오는 밝고 부드러운 빛에 의해 내부공간은 빛으로 정화되는 느낌을 준다. 제단을 향해 조금씩 수축되는 6개의 PC 콘크리트 기둥아치보가 주 구조체인데 50톤의 무게가 믿기지 않을 정도로 가볍게 느껴지고 심지어 심포니의 리듬을 전해주기도 한다.

단일톤의 순수한 유기적인 형태는 모더니즘의 단조로움을 극복하고 주변자연과 사회와 공명하고 있다.

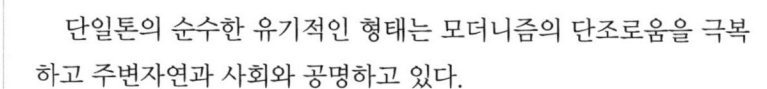
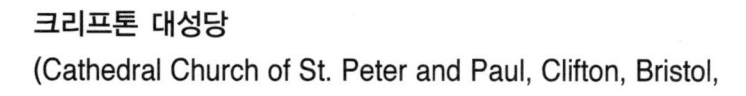

크리프톤 대성당
(Cathedral Church of St. Peter and Paul, Clifton, Bristol, 1970-1973)

잉글랜드 서부 항구 도시인 브리스톨(Bristol)의 서북부 크리프톤(Clifton)에 위치한 성 베드로와와 바오로 대성당(Cathedral Church of SS. Peter and Paul)은 제 2차 바티칸 공의회의 교회 건축 개념을 잘 반영한 성당이다. 1965년 설계를 의뢰받고서부터 건축가와 성직자, 신도들 사이에 새로운 교회 건축의 개념에 대한 진지한 논의가 진행되었으며 그 과정은 모두 기록으로 남겨져 있다.[4] 당시 제2차 바티칸공의회(1962-1965)에서는 가톨릭 교회를 내적으로 쇄신하고 현대에 적응시키기 위하여 교회와 사회, 문화 예술 등에 대한 거의 모든 세부적 사항을 논의하고 지침을 마련하였다. 이것은 전례운동과 함께 과거 400년 동안 지속되어온 교회 건축에

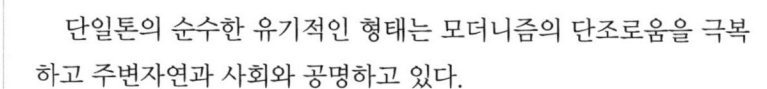

그림 26. 세례당

주 4) The Administrator Clifton Cathedral House, Cathedral Church of SS. Peter & Paul Clifton, 1973

일대 혁신을 일으키는 계기가 된다. 무엇보다 성당내의 배열이 자유로워진 것이다.

설계의 가장 큰 주안점은 900명의 회중을 어떻게 그룹핑함으로써 미사 중 적극적인 참여와 일체감을 갖게 할 수 있을까하는 점이다. 그리고 다음으로는, 성찬채플과 세례당의 위치 설정이었다. 들어오고 나가는 회중의 동선과의 관련 하에 이 주요 부분의 배열이 디자인 개념을 구성하고 건물의 형태를 결정하였다.

그림 27. 크리프톤 대성당

성당의 접근은 두 방향에서 이루어진다. 부지의 고저 차를 이용해 동측의 테라스를(하부는 주차장) 통해 성 베드로문으로 진입할 수 있고, 서측의 성 바오로문으로 진입 할 수도 있다. 두 개의 진입문을 통과하면 나르텍스(입구홀)에 이르게 되는데 이곳은 8,000여 조각의 판석 색유리를 에폭시 수지로 결합한 거대한 2개의 창에 의해 밝게 비춰지고 있다. 보다 긴 창은 '오순절(Pentecost)'이라 명명하였는데 예수 부활 후 50일에 강림한 성신을 표현하고 있으며 다른 하나는 '환희(Jubilation)'로서 땅과 하늘과 바다가 서로 만나 뒤섞이는 탁트인 해변에서 맞이한 자유와 행복의 환희를 표현하고 있다.

그림 28. 크리프톤 대성당 내부

신자는 세례성사를 통해 하느님 백성으로 다시 태어난다. 따라서 세례는 단순한 개인적인 사건이 아니라 그리스도 공동체 전체가 새로운 가족을 환영하는 사건인 것이다. 이런 이유로 세례반은 성당의 입구에 놓였다. 물론 제대와 직접적인 관련을 맺을 수 있고 회중이 볼 수 있는 곳이다.

네이브의 좌석은 성단 주위 3면으로 둘러 배열되어 있는데 어떠한 좌석도 제대로부터 15m 이내에 놓여지도록 했다. 좌석은 전례뿐만 아니라 비전례적인 여러 활동에 적응토록 이동 가능하다. 네이브 주위의 유보랑(ambulatory)에는 14처가 콘크리트 벽체에 얕게 부조되어 있다.(한면을 조각한 스티로폼을 거푸집 안에 대어

그림 29. 크리프톤 대성당 세례대

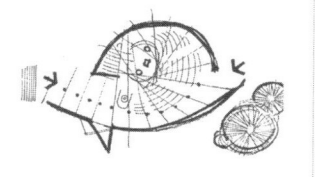

그림 30. 대안-1

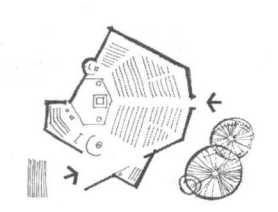

그림 31. 대안-2

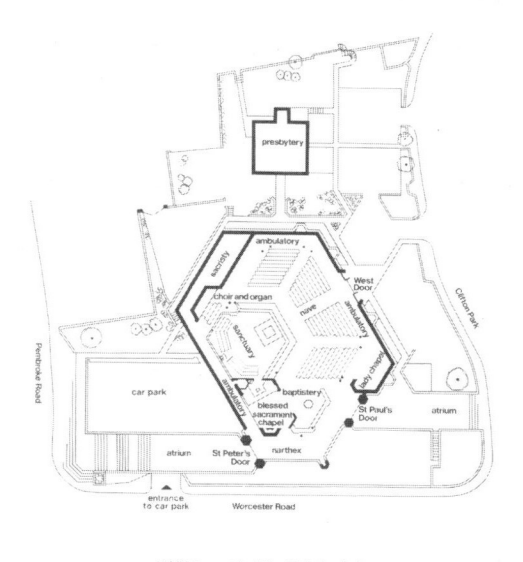

그림 32. 크리프톤 대성당 평면도

그림 33. 콘크리트 14처

그림 34. 성찬채플

콘크리트를 타설하여 제작하였다.)

성단은 대성당에서 거행되는 어떠한 성찬식도 수용할 수 있도록 충분히 넓으며, 주 제단(high altar)은 회중과 사제들의 가운데 드러나도록 성단의 앞쪽에 놓여 있다. 성단의 맨 뒤쪽에 사제석으로 둘러싸인 주교좌가 위치하며, 성단 상부의 채광창(lantern)으로부터의 빛이 노출 콘크리트로 마감된 거친 표피에도 불구하고 내부공간을 온화하게 만들어 준다.

성찬채플은 개인기도와 평일 미사가 거행되는 곳이다. 주 제단과 연결된 성찬 채플의 코너에 스테인레스로 만든 감실이 있는데 네이브에서도, 제대에서도, 그리고 채플 내에서도 보이는 우월한 (교묘한)위치에 자리잡고 있다.

바오로문 우측에 마리아 채플이, 성단 우측에 오르간과 성가대석이 위치하며 그 넘어 벽으로 구획된 제의실이 있다.

바우스베아 교회당
(Bagsværd Church, Bagsværd, Denmark, 1974-1976)

코펜하겐 교외 바우스베아(Bagsværd)의 간선도로변에 위치한 바우스베아 교회당은 요른 웃존(Jørn Utzon)의 명성을 입증케 하는 또 하나의 걸작이다 웃존하면 그 거대한 쉘 형태의 시드니 오페라 하우스(1957-1973)의 이미지가 떠오른다. 그러나 그처럼 거대한 구조형태가 간단한 설계경기의 스케치에 기초할 수 있다는 잘못된 구상으로 찬사와 함께 결국 많은 논쟁과 비난을 받았던 시드니 오페라하우스와는 너무나 다르다.

그림 35. 바우스베아 교회당

웃존(Jørn Utzon, 1918-)은 코펜하겐에서 태어나 케이 피스키(Kay Fisker)와 스티인 에일러 라스무센(Steen Ejler Rasmussen)이 있었던 왕립 예술 아카데미에서 수학한(1937-1942) 후 스톡홀름의 군나르 아스프룬드(Gunnar Asplund)사무소(1942-1945), 헬싱키의 알바 알토(Alvar Aalto)사무소(1946), 그리고 프랑크 로이드 라이트(Frank Lloyd Wright)의 탈리아신(Taliesin)(1949) 등에서 수련하였다. 따라서 처음부터 건축을 유기적인 것으로 이해한 그는 이러한 대가들과의 접촉을 통해 이를 더욱 성숙시켰다.

웃존에 의하면, 1930년대의 기능주의는 형식으로 일관하여 종말을 고했고, 전쟁이 원인이 된 고립과 구속 때문에 생겨난 1930년대의 전통주의는 이 시대의 기술 및 과학의 발전과는 전혀 연관이 없다는 것이다. 진보적인 건축이란 자연의 법칙에 의하여 배울 수 있는 것이며 새로운 재료는 그 자체의 특성에 따라서 사용되어야 한다. 웃존에게 있어 건축형태는 건축가에 의해 결정되는 최우선의 것이 아니라 그것 자체의 존재와 인간활동을 담는 유기적 실체이다. 자연의 형태와 재료를 반영함으로써 유기적 건축은 인간을 그들의 자연환경과 통합할 수 있다고 보았다.

그가 설계한 최초의 교회 건축인 바우스베아 교회당(1974-1976)은 일견 성벽이나 곡물 엘리베이터와 같은 모양을 하고 있다. 바우스베아의 간선도로에 접한 폭 40m, 길이 100m의 장방형

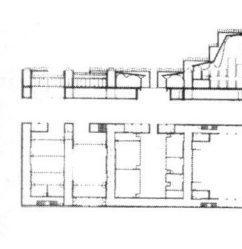

그림 36. 웃존의 이미지 스케치   그림 37. 바우스 베아 교회당 평·단면도

그림 38. 입구 전정

그림 39. 내부

부지에 필요한 시설을 수용키 위해서 길쭉한 건물이 될 수밖에 없었고 도로의 소음을 차단키 위해 교회는 도로를 등지도록 돌려서 배치하였다. 도로 반대편 남쪽과 서쪽으로 다양한 단면의 입구가 놓여지도록 개방되어 있는데 전체를 2.2m 정방형 모듈의 질서 원칙에 따라 구성하였다. 서측 주입구로부터 전정(4×8m), 전례공간(10×10m), 중정 (3×8m), 미팅홀(4×6m)을 중심으로 크고 작은 여러 공간들이 배열되고 1모듈(m) 폭의 복도가 이들을 연결, 통합한다. 한쪽 끝에 작은 장방형 채플이 있는 전정을 통해 교회로 들어서면 밝은 나르텍스가 있는데 전례공간에 들어가기 전의 예비공간이자 내외부를 연결하는 매개 공간의 역할을 한다. 교회당 내부의 회중석은 성찬 테이블과 세례반, 강론대를 중심으로 반원 형태로 회중이 모일 수 있는 길이보다 폭이 넓은 장방형 평면이며 유공 블럭으로 구획된 제대 뒷부분은 제의실과 고백소가 위치한다. 고정석과 2층 갤러리를 합쳐 350인의 수용이 가능하다.

이 교회의 특징 중의 특징은 내부공간의 빛이다. 구름으로부터 영감을 받은 높고 낮게 파도치는 듯한 볼륨이 웃존 다운 조형성의 자태를 보여준다. 두 개의 큰 보울트가 서로 겹쳐지는 16m 높이 상부의 큰 창(일부는 감추어 진)으로부터 쏟아지는 빛이 주간에 엷은 회색으로부터 찬란한 금빛으로 변화한다. 때때로 제대 상부의

보울트 면에 구름의 그림자가 반영되기도 하며 양 측랑(aisle)과 제의실의 천광도 역시 변화하는 색채 ─전체가 푸른색일 때도 있고 보라색일 때도 있다.─를 연출한다. 인공조명은 연한 자연광과는 대조적인 효과를 나타내지만 이것은 의도적인 연출이다. 조명기구는 놋쇠파이프에 4인치 간격으로 전구를 노출시켜 일렬로 부착시킨 것이고 이것으로 실내는 더욱 부드럽게 연출된다.

외벽은 회색 콘크리트 패널로 덮혀 있고 표면은 연출한 부분과 그렇지 않은 부분이 있다. 지붕은 전기 도금한 금속패널인데 이것들 모두가 외광의 변화를 그대로 반영하여 건물 표정을 바꾼다. 웃존은 그의 첫 교회 설계인데도 불구하고 단순함, 진실성, 순수성이란 종교건축의 근본 테마에 훌륭히 접근하였다. 전통적인 계단상 박공지붕과 스칸디나비아 교회의 모조 보울트의 의역, 거푸집의 목리문, 절묘한 장인술 등에서 민족적인 반향과 함께 일본 토착건축에 대한 전후 덴마크인들의 열정에 대한 반향을 읽을 수 있다.

성 크리스토퍼 고속도로 성당
(Autobahn Kirche St. Christoph, Baden-Baden,
1976 -1978)

남부 독일의 주요 고속도로인 E 35번 도로를 달리다 보면 바덴바덴(Baden-Baden)부근 휴게소 근처 황량한 벌판에 우뚝선 피라밋이 오가는 여행자와 운전자의 눈길을 끈다. 이것이 여행자의 수호신 성 크리스토퍼(St. Christoph)에 봉헌된 고속도로 성당(Autobahn Kirche, 1976-78)이다.

특이한 상징체계와 매혹적인 내부공간을 갖춘 이 성당으로부터 신의 부름이 숨가쁘게 질주하는 여행자에게 다가온다. "잠깐 멈추고 쉬어 가거라! 여기서 너의 물음에 대한 답을 찾아라! 너의 생활과 일에 대한 의미를, 너의 슬픔에 대한 위안을, 그리고 일상의 스트레스로부터 평화를, 새로운 출발을 위한 힘을 찾아라!"

그림 40. 고속도로 성당 원경

그림 41. 고속도로 성당

그림 42. 성당 내부

이전에는 교회가 도시나 촌락의 심장이요 중심을 이루었으며 지나가는 여행자들은 반드시 그 교회를 방문하였다. 그러나 오늘날의 위대한 고속도로는 도시를 빠르게 연결하고 교회는 주요한 교통의 흐름에서 멀리 벗어나 있게 되었다. 기동화(motorization)의 전반적인 증가의 결과로 스피드의 시대를 맞게 되었고, 주행중인 사람들에게도 종교적인, 정신적인 요구를 충족시키려는 새로운 시도가 이루어졌다. 고속도로 교회는 여행자와 운전자에게 교통사고에 대한 두려움과 운전의 스트레스에서 묵상과 심신회복의 기회를 제공한다. 도로상에서의 생명의 위험성을 항상 환기해야 하는 상황에서 우리의 사고가 정신적인 것으로 바뀌어야 된다는 것은 지극히 당연하다.

이러한 새로운 개념에 걸맞게 바덴바덴의 고속도로 성당은 몇 가지 독특한 건축적 성과를 이룩하였다.

첫째는 이 성당의 디자인이 전통적이 교회 건축의 양식에서 벗어남을 반영하였으며, 둘째는 그럼에도 불구하고 다양한 설득력 있는 종교적 상징체계로 구성되었다는 점과, 셋째, 건축가와 예술가(조각가, 스테인드글라스 아티스트)의 완벽한 협력과 조화가 이루어 졌다는 것이다. 전설적인 수호자 성 크리스토퍼(St. Christoph)를 딴 것이 다소 의아하게 느껴진다. 하지만 성 크리스토퍼는 옛부터 도로상의 모든 위험–강도, 맹수, 매서운 날씨, 기술적인 실수와 인간의 미숙함 등–으로부터 여행자를 도왔던 모든 이들의 싱징으로서 모든 종교 신앙의 사람들에게 잘 알려져 왔다. 높이 20m에 달하는 피라밋형 성당은 평탄한 주변을 지배하는 랜드마크의 역할을 한다. 3개의 단 (기단, 창, 지붕)으로 뚜렷하게 분절되어 있음에도 불구하고 하나의 거대한 모노리스(monolith)의 인상을 준다. 피라밋 형태는 고대 이집트의 성소를 생각나게 하는 동시에 거대한 텐트, 하늘의 피난처로 보인다.

전체 콤플랙스의 기본 아이디어인 십자가는 외곽에서부터 뚜렷하다. 십자가 형태는 옛부터 인간구원의 표징이며 신성과 우주 자체의 상징이다. 어떠한 표징도 고속도로 성당의 의미를 보다 잘 표현할 수 없을 것이다. 4개의 가로에 의해 형성된 십자가의 교차점이 바로 이 지역의 심장이며 여기에 성당 자체가 서 있다.

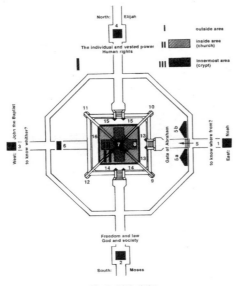

그림 43. 전체 배치도

①노아의 기둥
②모세의 기둥
③세례요한의 기둥
④엘리야의 기둥
⑤아브라함의 문
⑥십자가
⑦크리프트 성찬대
⑧예배당과 변형벽 · 콘크리트 지지보의 기저에 4복음서자 상징(⑨~⑫)
⑨마르코의 사자
⑩요한의 독수리
⑪루카의 황소
⑫마태오의 인간
⑬동쪽소벽 : 아브라함의 이야기
⑭남쪽소벽 : 모세의 이야기
⑮북쪽소벽 : 엘리야의 이야기
⑯서쪽소벽 : 세례요한의 이야기

전체 콤플렉스의 기본형태인 방형 십자가는 대각선 십자가(소위 말하는 St. Andrew's cross)와 병치되어 있다. 대각선 십자가는 4개의 모퉁이에서 솟아오르는 거대한 4개의 지지보에 의해 만들어진다. 이 2개의 십자가가 교차점의 정점에서 통합되며, 성당의 수직적인 배열에서 지하 경당(Crypt)의 제단과 주 성당의 바로크 십자가가 바로 이 지점에 자리잡는다. 그리스도교의 전통에 따르면 방형 십자가는 주님의 십자가요 대각선 십자가는 사도들의 십자가이다. 이러한 상징의 통합은 콘크리트 조각과 스테인드글라스에서 효과적으로 표현된 광범위한 이미지에서 나타나다. 현저한 실예로 4개의 거대한 콘크리트 지지보의 기저에 4복음서자의 상징 – 마르코의 사자, 마태오의 인간, 루카의 황소, 요한의 독수리 – 이 놓여 있다.

성당의 내부는 혼자 혹은 단체로 신과 함께 할 수 있는 집회의 장이다. 미사의 기능뿐만 아니라 모든 피조물이 구원의 불가해한 신비 속에 통합된다는 것을 드러내 보이는 사인으로서 봉사한다. 이러한 아이디어는 성스러운 전례가 주로 행해지는 상부의 주 성당과 주로 개인적인 봉헌을 위한 하부 경당의 나눔에서 표현된다. 각 부분들은 각기 특별한 성격을 갖는다.

지하 경당(crypt)의 8각 형태는 상층 성당의 정방형으로부터 나왔다. 방문객은 창이 없이 콘크리트 부조로 벽과 천장이 온통 덮힌 압도하는 경험을 맛보게 된다. 그것은 진정 교회의 심장이요 중심이다. 묵상과 기도, 성찬에의 진실한 참여를 위한 준비, 작은 집회를 위한 공간으로 계획되었다. 지하경당은 건축과 조각의 상호 협력과 의존의 탁월한 실예이다. 이러한 관점에서 이 부분은 이 성당의 가장 뛰어난 부분임에 틀림없다. 분명히 분절된 공간 개념의 불가결의 요소로서 콘크리트 부조는 뛰어난 잠재력과 표현성을 발휘하고 있다.

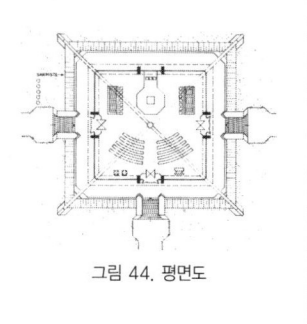

그림 44. 평면도

상층의 성당은 약 400㎡의 정방형 평면에 피라밋형 천장으로서 어두운 경당과 대조적인 분위기를 연출하고 있다. 반투명의 콘크리트 창(beton-glass)이 사방으로 연속되어 있어 색유리를 통해 빛이 쏟아져 들어온다. 이 광벽은 성당 내부를 반짝이는 투명의 공간으로 만든다. 피난처의 피막인 동시에 외부세계와의 연결이다. 스테인드글라스를 제외하면 오직 나무, 천연 스레이트, 콘크리트의 경제적인 사용이 인상적이다. 풍부한 콘크리트의 부조는 형틀 작업에 의해 이루어졌다. 조각가는 폴리스칠렌에다 장식적인 형태와 형상을 음각하고 이것을 목재 거푸집 안쪽에 붙여 콘크리트를 친 다음 거푸집과 함께 제거함으로써 양각의 부조를 완성하였다. 이러한 작업과정은 이전에 없었던 건축가와 조각가, 현장 인부간의 긴밀한 협력을 요구하였다.

모든 계획과 장치의 기본 목표는 적합한 배경 속에 완전한 건물을 창조하는데 있었다. 아름답고 고귀한 신의 집인 동시에 가능한 많은 사람을 끌어들이고 지속적인 인상을 주는 교회가 바로 그것이었다.

3개의 출입문은 내외부에 에나멜의 정교한 장식으로 마감되어 있다. 특히 동쪽 주 출입문의 화려한 장식은 특별한 미사가 야외에서 봉헌 될 때 제대의 배경이 될 수 있다. (성당외곽의 잔디밭은 수백명의 집회를 수용한다). 4방향의 진입로에 각기 탑처럼 서있는 기둥(pillar)은 성당의 경역을 표시함과 아울러 공간과 시간의 강한 상징체계를 이루고 있다. 각각의 기둥에는 사방이 콘크리트 부조로 장식되어 있는데 신과 인간의 전 역사를 조명하고 있다. 아담과 이브, 노아와 욥이 우리에게 직접 이야기하는 것 같다.

동쪽의 기둥은 노아(Noah)로서 "우리는 어디서 왔는가? 우리의 존재는 무엇인가?"가 주제이며, 남쪽의 기둥은 모세(Moses)로서 "신과 사회, 자유와 율법"이 주제가 된다. 그리고 서쪽의 기둥은 세례자 요한(John)으로 "우리는 어디로 가는가? 세례와 심판"이 주제가 되며, 북쪽의 기둥은 엘리야(Elijah)로서 "개인과 힘, 인간 권리와 공포의 상징"이 주제가 된다. 이러한 이름들은 결코 임의적인 것이 아니다. 지리적인 방향과 역사적 인물들의 행위의 장소와 일치한다. 마치 그들의 배열이 세계로의 관문이 되는 바꿀 수 없는 평면(십자가)을 반영하듯 인류의 역사를 대변하고 있다.[5]

그림 45. 성당 내부

그림 46. 노아의 기둥

주 5) Dr. Paul Mai, Regensburg, Motorway Church of St. Christopher, Baden-Baden, 1983, p.10

에브리 대성당
(La cathédrale d'Evry, Evry, 1988-1995)

파리 외곽 위성도시인 에브리에 마리아 보타(Mario Botta, 1943-)의 설계로 건축된 주교좌 성당이다. ㄷ자 형태의 긴 교구센타의 3층 건물의 한쪽 끝에 왕관형태의 옥상 테두리를 올린 큰 원통 형태의 대성당이 위치하고 있다. 창이 연속적으로 패턴화 된 긴

그림 47. 에브리 대성당 전경

주 6) Skira, Mario Botta, La Cathédrale d'Evry, 1996

벽돌건물의 파사드 끝이 무뚝뚝한 면으로 분절되고 여기에 직경 34m, 높이 17m의 기념비적인 원통형 대성당이 연결되는데 ㄱ자 형태의 코오벨로 접어 들어간 이 곳이 주출입구이다. 대성당 옥상 의 큰 왕관과 같은 링은 에버리시의 통일된 디자인의 하나의 한 부 분이며 중세 도시조직의 핵을 떠올리게 한다.[6]

주출입구 현관을 지나 완만한 계단식 경사로로 된 회랑을 돌아 내려가면 성당레벨에 도달하게 되고 주출입 광장보다 1.5m 낮은 중정에서 바로 접근되는 부출입구와 만나게 된다. 부출입구는 눈 썹아치와 상층 출입계단으로 구성되는 상징적인 요소에 의해 중정 의 입구로서도 강조되고 있다. 회랑 내부의 복도는 창의 리듬과 좁 고 긴 개구부에 의해 조절되는 원주의 움직임을 통해 성당 내부 공 간을 매우 독창적으로 감상할 수 있게 한다.

새롭고 독특한 공간, 이 회랑은 고대에 그 기원을 갖고 있으며 로마네스크 교회의 측랑이나 15 · 6세기 돔형 집중식 성당에서도 보이는 것이다. 회랑 공간은 네이브의 큰 공허부를 돌아서 바깥의 나무가 심겨진 원형 크라운으로 오르는 보도로 종루까지 확장된다.

그림 48. 에브리 대성당 내부
(제단 쪽을 봄)

도시경관의 무한한 다양성을 제공하는 전통적인 대성당의 첨탑 사이의 테라스처럼, 이 오르는 통로는 공중에서의 도시 조망을 계 속 변화시키며 내부와 외부 사이의 연속적인 대화를 강조한다. 자 연의 상징적인 아이디어가 인공의 기하학적인 형태를 능가하였는 데 왕관둘레 옥상의 나무가 삼각형 보울트 천장의 양 사이드의 큰 천창을 통해 들어오는 강렬한 빛을 조절하기도 한다. 나뭇 잎사귀 의 움직임, 색채의 변화, 빛과 그림자의 연출 등을 통해 빛을 필터 링할 수 있다.

빛은 내부공간을 해석하는 기본음이 된다. 큰 해시계처럼 시간 의 경과를 표시하는 벽돌 가로줄의 배열의 표면질감 위에 그림자 가 연속적으로 이동하기 때문이다. 제단 상부벽의 볼록 나온 부분은 빛에 의해 서서히 드러나는데 이곳은 성미술을 보관하는 거대한 벌집이다. 건물의 모든 부분을 마감한 벽돌의 질감조절 기법은 보타 건물에서 가장 풍부하고 정교하다. 벽돌은 바깥의 인접한 건물과의 연속성을 회복하였으며, 공공 광장을 내부로 자연스레 끌어들였다. 그렇게 함으로써 도시 맥락에서 성스러운 영역으로 만들은 것이다.

벽돌의 선택은 다양한 건물의 통일된 이미지를 고무하기 위한 의도로 보인다. 동시에 재료의 창조적인 잠재력을 통해 미래의 도시를 특징지을 균질의 모습을 제안함으로써 건물의 인간적인 가치를 입증하고자 하였다. 어떤 경우라도 거대한 원형 볼륨의 상징적인 랜드마크는 인간적인 도시의 메시지로 남아있다.

그림 49. 에브리 대성당 내부
(제단에서 봄)

그림 50. 제단과 세례대

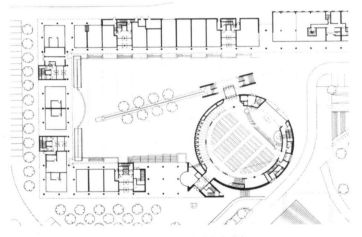

그림 51. 에브리 대성당 평면 및 배치도

엑스포 2000 교회관
(Der Christus-Pavillon, Expo. 2000 Area, Hannover, 1999-2000)

2000년 하노버 Expo의 교회관은 교회건축의 새로운 정신과 표현을 보여주었다. 전체 42m x 51m의 주어진 평탄한 대지를 주변의 각국 전시관의 번잡한 소음으로부터 영역을 구분하기 위하여 도로측 진입경계에 철골프레임의 회랑과 물(해자)을 두었다. 그렇게 하여 만들어진 직사각형 형태의 대지(전체 11모듈 × 17모듈) 둘레로 다시 회랑을 두르고(통로폭 1모듈), 회랑 내부의 북쪽 절반은 교회당, 남쪽 절반은 아트리움(중정)으로 구성하였는데 아트리움의 한 쪽 코너(입구쪽)에 십자가탑을, 그리고 반대 쪽 코너에는 나무 한 그루와 작은 키오스크, 벤치를 두었다.

그림 52. 엑스포 2000 교회관 전경

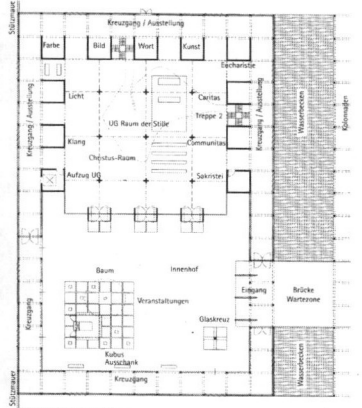
그림 53. 엑스포 2000 교회관 평면도

그림 54. 교회당 내부

교회당은 21m × 21m × 18m(높이)의 입방체인데 9개의 철제 십자형 기둥이 지지하는 철골조에 벽체는 반투명 유리패널로 되어 있다. 정사각형 공간 가운데를 중심으로 기둥이 6m 간격으로 배열되어 있기 때문에 제단(강단)은 중심을 벗어난 위치에 놓이며 제단 앞에 불과 30석의 벤치가 1 스판(6m × 6m) 안에 배열되어 있을 뿐 (엑스포 교회관의 특성상 많은 좌석이 필요없다) 나머지는 다용도로 활용될 수 있도록 비어있다. 특정한 종파를 위한 것이 아니라 범 그리스도교 일치를 위해서 제단, 십자가, 독경대는 단순한 형태로 만들어져 있다. 9개의 기둥 상부에 난 9개의 천창과 사방 벽의 반투명 유리를 통해 들어오는 부드럽고 온화한 빛은 교회당 내부를 자유스러운 빛의 영역으로 만들어주고 있다.

이 교회당과 외주 회랑 사이에는 1 모듈 폭의 부공간이 좌우 및 후면으로 배열되는데 한 칸씩 걸러서 지하 경당(crypt) 연결 계단, 기도실, 전시실, 리프트 등 여러 기능실 들이고 나머지는 본당과 회랑과의 연결 통로이다. 이 기능공간은 매우 작은 공간들로서 때론 정적이고 사색적인 공간이 되고 있다.

그림 55. 회랑

외주 회랑은 1모듈 폭(3.6m)에 높이 2모듈(7.2m)인데 벽면은 이중 유리의 전시패널로 채워져 있다. 3.6m × 3.6m 크기의 전시 패널은 열처리된 2중 유리 속에 각 단위 모듈마다 다양한 재료, 예를 들면, 곡식이나 열매 등의 자연물, 안경, 전구, 핀셋, 직물 등의 생활용구, 톱밥, 폐품 등의 수집물을 채워 넣어서 만들어졌는데, 아트리움과 교회당을 면한 부분에는 한 칸 걸러서 통로로 오픈되어 있거나 대리석, 투명 또는 반투명의 소재로 채워져 있다. 이 전시와 과정적 공간의 역할을 하는 회랑은 엑스포 2000의 주제인 '환경 보존'에 대한 강한 메세지를 전달하고 있다.

그림 56. 아트리움
(좌측 교회당, 우측 십자가탑)

새 밀레니엄 첫 축제인 '하노버 엑스포 2000'의 주제는 전 지구인의 관심사인 환경문제, 바로 '인간, 자연, 기술'(Mankind, Nature, Technology)이다. 170 여개의 나라와 기관이 참가한 이 엑스포에는 50개의 파빌리온이 새로 지어졌는데 그 중에서 교회관의 개념이 엑스포의 주제를 가장 명확하게 드러내었다. 즉 기술을 통해서 자연과의 새로운 균형점을 찾아나가는 인간의 모색, 그럼으로써 지속가능한(sustainable) 지주촌의 사회, 문화, 환경을 유지한다는 …

주 7) Schnell Steiner, Die Expo-Kirche, Der Christus-Pavillon, 2000, p.10

설계자 메인하트 폰 게어칸(Meinhard von Gerkan)과 요아힘 짜이스(Joachim Zais)는 건축적인 흥미와 격조있는 하나의 통일된 구조형태로 '시대를 반영하는 시장'을 만들고자 하였다.[7] 그리고 그것은 '단순한 구조'와 '명료한 디테일', '적은 재료에서 나오는 많은 상징적 의미', '공간의 한정'과 '불변하는 형태'로 구현하였다. 극히 자제되고 간소화된 재료로 엑스포 2000의 강한 메세지를 전달하고 있다.

제2차 바티칸공의회와 교회건축

제2차 바티칸 공의회의 배경과 의도

그림 1. 제2차 바티칸공의회(1962-1965)가 개최된 베드로 대성전

가톨릭 교회를 내적으로 쇄신하고 현대에 적응시키며 외적으로는 문호를 개방하여 그리스도교 세계의 일치를 촉진시키기 위해 소집된 제2차 바티칸 공의회(1962.10 - 1965.12)는 '거룩한 전례에 관한 헌장(*Sacrosanctum Concilium*)' 등 4개의 헌장과 9개의 교령, 3개의 선언을 발표함으로써 현대 교회에 대한 세부적인 지침을 마련하였으며, 또한 현대 교회 건축의 방향을 제시해 주고 있다. 그 내용은 현대적 상황에 대한 교회와 사회. 문화, 예술 등에 대한 거의 모든 세부적 사항을 집대성한 것인데 궁극적인 목표는 "신앙을 풍요롭게 함"이었다.

공의회를 소집한 교황 요한 23세가 주창한 2가지 원칙은 '아조르나멘또, *aggiornamento* (up-date)'와 '파르티치파시오 악뚜오사, *participatio actuosa*' (active participation)이었는데 이것은 둘 다 교회의 전례와 건축에 광범위한 영향을 주었다.

그림 2. 제2차 바티칸공의회를 소집한 교황 요한 23세

주 1) Vatican II : Sacrosantum Concilium, 1963. 21.

'*aggiornamento*'는 개혁이 아닌 쇄신 또는 적응을 의미한다. 왜냐하면 전례는 "신적 제정(神的 制定)으로서 변경할 수 없는 부분과, 변경할 수 있는 부분으로 이루어져 있기 때문이다. 시대의 흐름으로, 전례 자체의 가장 깊은 본질에 잘 부합되지 못하는 것들이 그 안에 잘못 끼여들었거나 또는 덜 적합해진 것들이 있다면 바꿀 수 있고 바꾸어야 하기"[1] 때문이다. 전례의 성격과 교회의 구조와 같은 것들은 그리스도께로부터 비롯된 것으로 교회가 바꿀 수 있는 권한 밖에 있다. 교회에는 본질적으로 변경할 수 없는 것들(예를 들면 제대나 세례반)과 함께 변경이 허용되거나 변경되어야 하는 것들(예를 들면 고해실, 신자석 등)이 있는 것이다.

미사에서 평신도들의 능동적인 참여(*participatio actuosa*)의 고무는 전례혁신의 중요한 부분이다 그리스도인의 예배는 그 시초부터 회중들의 완전한 참여를 전제로 하였으나 중세에 와서 일반 신자들은 피동적이고 수동적인 역할만 하였다. 제2차 바티칸 공의회는 다시 신자들이 제반 전례예식에 깊은 이해를 가지고 능동적으로 완전히 참여토록 지도되기를 원하며[2] 신자들은 미사에서 "마치 낯선 국외자나 말없는 구경꾼처럼 끼여 있지 않고, 예식과 기도를 통하여 이 신비를 잘 이해하고, 거룩한 행위에 의식적으로 경건하게 능동적으로 참여"[3] 하여야 한다고 규정하고 있다.

그림 3. 제2차 바티칸공의회를 마무리한 교황 바오로 6세

주 2) Vatican II : Sacrosantum Concilium, 1963, 14.

주 3) Ibid, 1963, 14.

제2차 바티칸 공의회 이후의 전례변화

거룩한 전례에 관한 헌장(*Sacrosanctum Concilium*)이 공표된 이래 40년 간 전례와 전례가 봉헌되는 건물에 광범위하고 뚜렷한 변화를 가져왔다. 이러한 변화의 뿌리는 40-50년 더 소급될 수 있지만 – 프랑스 솔렘(Solesmes) 수도원을 부흥시킨 베네딕도 수도원장 게랑제(Prosper Guranger. 1805-1875)가 활동한 19세기 중반까지 – 서양 가톨릭 교회의 대다수는 오히려 전통적이고 형식적이었다. 양식적인 차이는 있었지만, 1963년까지의 가톨릭 교회는 전체적으로 과거 수백 년 동안 그러했던 것과 거의 같았다.

제2차 바티칸 공의회 이후의 변화는 괄목 할만하고 실제 보편적이었다. 그러나 앞서 언급한 바와 같이 이러한 변화들은 더 일찍 시작되었다. 1905년 교황 비오 10세는 신자들의 잦은 성찬식 참여를 권장하는 법령을 공표하였으며 1909년 경에는 솔렘수도원에서 시작된 전례 연구의 전통을 따랐던 벨기에 베네딕도 신부인 보뒤앵(Lambert Beauduin)이 평신도 전례활동을 주장하였다. 또한 오도 카셀(Odo Casel, 1886-1948년) 신부가 인도했던 독일 마리아 라아흐 (Maria Laach)의 베네딕도 수도원과 유명한 신학자 로마노 과르디니(Romano Guardini)신부의 지도 아래 진행된 1920년대 독일의 분천(噴泉, Quickborn) 운동이 국제적인 전례운동으로 발전되는 또 다른 진원지가 되었다.

전례운동의 일반적인 의도는 미사가 성직자만의 행위가 아니라 공동의 것이 되도록 재구성하는 것이었다. 그들은 위계적으로 조직된 "그리스도의 몸"[4] 보다 "모든 신자들의 사제직(司祭職)"과 "하느님의 백성"[5]을 더 강조하였다. 성찬식의 공동 '식사 측면' 과 주로 연관되어 평신도의 참여가 증대되는 좋은 수확을 낳기도 하였지만 불행히도 그러한 전례 연구는 성찬식의 희생적인 성격을 가끔 무시하기도 하였다.

1920-1950년 사이에 주로 베네딕도 수도원의 작업을 통해 전례운동은 벨기에와 독일로부터 아일랜드, 오스트리아, 프랑스, 영국, 미국 등지로 퍼져나갔다. 2차 대전 후 이 운동은 비오 12세 (Pius XII, 1876-1958)의 신성한 전례에 대한 회칙 *Mediator Dei*(하느님의 중재자, 1947년)와 성미술에 대한 성무성성(聖務聖省)의 지침 (1952년), 그리고 1950년대 후반 예부성성(禮部聖省)에 의해 발행된 전례와 거룩한 음악에 대한 여러 문헌들로부터의 원동력과 더불어 어느 정도 교회의 동의를 얻었다. 그러나 이러한 문헌들은 어쨌든 전례운동의 의제의 완전한 허가는 아니었다. 로마에서 발행된 문헌들이 성찬식의 위계적이고 희생적인 면을 유지한다는 것을 분명히 밝히고 있으며, 새로운 것의 탐구에 열중한 일부 열광자들이 건전한 교의(敎義)와 신중함에서 벗어나거나 가톨릭 신앙을 손상하는 오점을 남기지 않도록 경고하고 있음을 아울러 주목해야 한다.[6]

제2차 바티칸공의회 이후의 새로운 전례변화는 다음과 같다.

제단 아래서 낭송하던 기도(사편 42)는 본래 사제가 제의실에서 제단으로 나올 때 바치다가 미사 안에 도입되었었는데, 이제는 제거되었다. 입당송은 다시 입장행렬에 따르는 성가가 되었으며 독서는 독서자가 그 나라 언어로 신·구약성서를 봉독하게 되었다. 성찬기도는 초대 교회에서 하던 것처럼, 사제가 신자들을 향해 바치며, 신자들은 이를 보고 응답하게 되었다. 봉헌 행렬과 성가가 되살아나고, 다섯 가지의 길다란 봉헌기도는 그리스도께서 유대인의 빠스카(Pascha)[7] 식사 때 바치셨던 것으로 추정되는 간단한 두 가지 기도로 대체되었다. 그리고 성찬 기도에 추가된 세 가지 양식은 모두 초대교회의 기도와 거의 흡사한 것이다.

전례 전체가 보다 단순해지고, 장궤나 성호가 거의 없어졌으며 사제는 처음과 마지막에만 제단에 입을 맞춘다. 성체 축성 후 부활하신 그리스도께 환호성을 올리는 고대의 관습이 평화의 인사와 더불어 복구되었으며 강복 전에 행하던 파견(派遣)은 바로 미사 끝에 놓여 제자리를 똑바로 찾았다. 공의회 폐막 4년 후 이 모든 사항들은 로마 미사 경본에 관한 교황 헌장(1969년)으로 이행되어 오늘날의 미사 형태를 갖추게 되었으며, 이어서 고백성사 예식서(1973년), 미사 없는 영성체와 성체신심 예식서(1973년), 성인 세례 예식서(1974년), 성당축성 예식서(1977년), 축복예식서(1984년) 등의 각종 예식서가 공포되었다.

교회건축의 변화와 비판적 검토

1960년대의 전례운동은 피터 하먼드 (Peter Hammond)의 『전례와 건축』(*Liturgy and Architecture*)의 발간과 함께 영어권 국가, 특히 전후 지어진 모든 교회 건축들이 빅토리아시대의 고딕 부흥 양식이었던 영국, 아일랜드에서 큰 힘을 얻었다. 영국인에 의해 쓰여졌지만 『전례와 건축』은 가톨릭 교회와 설계에 커다란 영향을 주었다. 저자 하먼드는 "살아 있는 건축"을 창조하는데 실패한 원인을 "건축적인 것보다 신학적인 문제"[8]로 보았다. 전례 운동의 이론적 근거로서 그는 교회 건물이 신의 예배에 우선적으로 봉헌된 '하느님의 집' (Domus Dei)이라기 보다는 교회 공동 집회를 위한 '하느님 백성의 집' (Domus Ecclesia)이어야 한다고 주장했다. 하먼드의 '과격한 기능주의적' 인 접근은 교회를 제대 주위로 모이는 회중을 수용하는 집으로서의 교회로 보았기 때문에 성찬에 대한

주 7) 과월제, 유월제, 유태인의 3절기 중 봄의 절기인 과월절에 지내는 축제, 출애급을 거치면서 의미가 부여됨. 즉 야훼가 이집트 민족의 모든 장자들을 멸하실 때 이스라엘 민족의 집을 통과했다는 역사적 의의가 첨가되면서 이집트에서 해방된 출애급을 기념하는 축제로 되었다.

주 8) P. Hammond, Liturgy and Architecture (London : BARRIE AND ROCKLIFF, 1960),P. 11
주 9) Ibid. , p.28

전통적인 가톨릭의 강조보다 모이는 행위와 그 공동체를 더 강조하였다.[9] 그의 교회론(ecclesiology)은 교회의 위계적인 성격을 분명히 거절하지는 않았지만 정통적인 가톨릭의 모델과는 상당한 거리가 있었다. 전례를 구성하는 것으로 공동체를 너무 강조함으로써 보편적 교회의 중요성을 감소시킨 것이다.

이러한 비정통적인 교회론과 그에 따른 건축적인 표현의 문제는 제2차 바티칸 공의회의 문헌을 수용함으로써 교묘히 결합되었다. 가장 중요한 두가지 문헌 – *Sacrosanctum Concilium* (거룩한 전례에 관한 헌장) 과 *Lumen Gentium* (교회에 관한 교의 헌장) – 이 전례운동의 원칙에 대한 명백한 인가로서 많은 전례학자와 신학자들에 의해 해석되었다. 그러나 이러한 해석들 중에는 가끔 전후 문맥을 무시하고 공의회가 결코 의도하지 않은 방향으로 나아간 것들이 있다.

그 대표적인 것은 교회의 위계적이고 희생적이 면을 무시하고 교회의 친교, 사회적인 면을 부당하게 강조하는 공의회 문헌의 해석이다.

『현대 아일랜드 교회건축』(*Contempory Irish Church Architecture*, 1985)의 전문에서 플라너리 (Austin Flannery)는 현대 교회의 전례적이고 건축적인 발전 과정에 대해 탁월한 역사적인 개요를 썼다. 그는 "위계적인 구조로서의 근본적인 교회의 이해가 어떻게 중세 교회 건축에 의해 지지되었는가"를 보여 주었다. 그리고 그는 Lumen Gentium (교회에 관한 교의 헌장)이 교회의 위계적인 구조보다 그것이 구성원 즉 '하느님의 백성'을 주로 강조하고 있음을 언급하고, 그리하여 '하느님의 백성'이 '그리스도의 몸'(位階的인 의미 함축)보다 던 선호됨으로써 "하느님 백성"이라는 평등주의자의 아이디어가 "건축가의 신념에 가장 중요한" 것이 되었다고[10] 결론지었다.

그러나 *Lumen Gentium* (교회에 관한 교의 헌장)을 자세히 비교해 보면, 위계적인 교회의 사고, 즉 '그리스도의' 의 적용성을 버리지 않았을 뿐만 아니라 오히려 시종일관 재확인하며 묘사하고 있음[11]을 알 수 있다. 평신도와 성직자 사이의 구분에 있어 교회의 위계적인 성격을 분명히 지지하고 있는 것이다. 각자 "그리스도의 한 사제직"을 담당하지만 그럼에도 둘은 "정도에 있어서 뿐만 아니라 근본적으로 다르다" 직분상의 사제는 "그가 가진 거룩한 권한으로 사제다운 백성을 모으고 다스리며, 성체의 제사를 그리스도를 대신하여 집전하고 온 백성의 이름으로 하느님께 봉헌한다." 신자들은 "여러가지 성사를 받으며 기도와 감사, 거룩한 생활의 증거와 극기와 행동적인 사랑을 통해"[12] 성체 봉헌에 진실로 참여한다. 어쨌든 그들의 근본적인 희생은 "여러분 자신을 하느님께서 기쁘게 받아주실 거룩한 산 제물로 바치라"[13] 는 부르심에 응답함으로써 개인적인 것이다. 정말 *Lumen Gentium*의 제 3장은 교회의 위계적인 성격을 설명하는 데 완전히 할애되어 있다. 그러므로 '하느님의 백성' 의 개념이 *Lumen Gentium*의 중요한 주제가 아니라는 것이 아니라 그것이 '그리스도의 몸' 의 개념을 결코 바꾸지 않는다는 것이다. 교황 바오로 6세(Paul Ⅵ, 1897-1978)의 *Credo of The People of God* (하느님 백성의 교의)도 교회를 "그리스도의 신비체, 위계적으로 조직된, 보이는 공동체"[14] 로 분명히 정의하고 있다.

그러면 교회 모델로서의 '하느님 백성' 을 사용하는 데 있어 내포된 건축적인 뜻은 무엇인가? 중요한 문제는 '하느님의 백성' 은 다소 무정형의 용어이며, - 사막을 횡단하는 이스라엘 민족같이 구조화되지 않은 무리의 이미지나, 그의 가르침을 듣기 위해 예수의 주위로 모인 군중의 이미지를 떠올리게 한다. - 그것은 건축의 기초가 되는 질서나 구조의 아무 것도 말하지 않는다는 것이다. 교회 건축의 모델로 이것을 사용하기 위해 '보편적인 전례공간(universal liturgical space)' 에 정당하게 도달할 수도 있을 것이다. 그러나 '하느님의 백성' 은 교회의 다른 성서적인 그리고 전통적인

주 10) Austin Flannery OP. : "Introduction" Contemporary Irish Church Architecture, F Hurley & W. Cantwell, Dublin Gill and Macmillan, 1985, pp.26-28

주 11) Vatican II : Lumen Gentium, 1964. 7.

주 12) Ibid. : 10.

주 13) 로마 12. 1.

주 14) Paulus Ⅵ : Solemni hac liturgia, 1968

이미지(*Lumen Gentium* 제 1장에 요약되어 있다), 특히 '그리스도의 몸'의 이미지를 필요로 한다. 이것은 신약의 가장 중요한 개념으로서 조직과 위계적인 구조화를 말한다. 그러므로 보다 쉽게 분절화된 건물에 적합하다.

이와 같은 '하느님 백성'의 개념 때문에 오늘날 건축가는 '하느님의 집'(House of God)과 '하느님 백성의 집'(House of God's People)이라는 교회 개념 사이에서 고심해야 할 필요가 없다. 왜냐하면 하느님은 그의 백성 안에 현존하시기 때문이다. 교회는 신적(神的)인 동시에 인간적(人間的)이며, 영원한 동시에 한시적이며, 보이는 동시에 보이지 않는 것이다. 공의회의 문헌은 이렇게 말하고 있다.

"유일한 중재자이신 그리스도께서는 믿음과 사랑의 공동체인 당신 교회를 이 땅위에 가시적인 구조로 세우시고 끊임없이 지탱하여 주시며, 교회를 통하여 모든 사람에게 진리와 은총을 널리 베푸신다. 교계조직(敎階組織)으로 이루어진 단체인 동시에 그리스도의 신비체, 가시적 집단인 동시에 영적인 공동체. 지상의 교회인 동시에 천상의 보화로 가득찬 이 교회는 두 개가 아니라 인간적 요소와 신적 요소로 합성된 하나의 복합체를 구성한다고 보아야 한다. 그러기에 훌륭한 유비로 교회는 갱생하신 말씀의 신비에 비겨지는 것이다. 하느님의 말씀께서 받아들이신 본성도 구원의 생명체로서 말씀과 떨어질 수 없도록 결합되어 말씀에 봉사하듯이, 다르지 않은 모양으로 교회의 사회적 조직도 교회에 생명을 주시는 그리스도의 성령께 봉사하여 그 몸을 자라게 한다."[15]

따라서 둘 사이엔 전혀 구분이 없다. '하느님의 집'을 디자인하든 '하느님 백성의 집'을 디자인하든 제 2차 바티칸 공의회는 건축의 목적을 바꾸지 않았다. 교회는 여전히 주님의 예배를 위해 기본적으로 존재한다. 하느님은 집을 필요로 하지 않는다. 그러나 교회는 하느님을 위한 건물을 따로 둠으로써 그 속에서 함께 모여 하느님의 현존 속에 '하느님 백성'이 된다. 하느님을 먼저 생각하지 않고 '하느님 백성'을 위한 건축물을 설계할 수는 없다. 플라너리 (Austin Flannery)는 "하느님은 그의 백성 안에 현존하신다. 하느님을 만나는 것은 집회 안에서다"라는 것을 과도하게 강조함으로써 하나의 오해를 조장하였다. 마태오 복음 18장 20절에서 그리스도가 약속했기 때문에 하느님이 그의 백성 안에 있다는 것은 사실이지만, 이것이 하느님을 만나는 유일한 길이거나, 근본적인 길은 아니다. *Sacrosanctum Concilium*(전례헌장)은 다음과 같이 옛 가르침을 계속한다. "그리스도께서는 언제나 교회에, 특별히 전례 행위 안에 계신다. 그리스도께서는 집전자의 인격 안에 또한 특히 성찬의 형상들 아래 현존하시어, 미사의 희생 제사 안에 현존하신다. 그리스도께서는 당신 친히 그 때에 십자가에 바치셨던 희생 제사를 지금 사제들의 집전으로 봉헌하고 계신다. 당신 능력으로 성사들 안에 현존하시어, 누가 세례를 줄 때에 그리스도께서 친히 세례를 주신다. 당신 말씀 안에 현존하시어, 교회에서 성서를 읽을 때에 당신 친히 말씀하시는 것이다. 끝으로 '두세 사람이 나의 이름을 위하여 모인 것에 나도 그 가운데 있느니라'(마태 18, 20)고 약속하신 대로 백성의 모임 속에 현존하신다.[16] 전례는 기본적으로 신자들의 모임과 관련된 것이 아니라 오히려 '본질적으로 거룩하신 하느님께 때한 예배이다.'[17]

이상으로 전례 운동과 제 2차 바티칸 공의회 문헌의 해석에서 나타난 몇몇 전례학자와 건축가의 문제를 간략히 검토하여 보았다. 이러한 오류 때문에 전례의 완전한 혁신은 아직 완성되지 않았으며, 따라서 새로운 전례를 지지하기 위한 교회 건축의 올바른 재구축이 다각도로 추구되어야 할 것이다.

재검토와 전망

바티칸 문헌의 해석에 있어 약간의 문제가 있음을 알았다. 이것

주 15) Vatican II : Lumen Gentium, 1964, 8항

주 16) Vatican II: Sacrosanctum Concilium, 1963, 7.

주 17) Vatican II: Sacrosanctum Concilium, 1963, 33.

은 분명히 교회의 건축적 질서에 혼동을 가져오는 원인이 되었다. 그러므로 제 2차 바티칸 공의회 이후의 변화를 재검토해야 할 필요성이 있다. 우리는 다행히 전례 혁신을 검토하고 공의회에 대한 진실한 건축적인 응답을 찾는데 지침이 되는 가이드라인을 전례 헌장에서 찾을 수 있다. 전례 헌장 23항은 전례의 올바른 혁신을 이행하는데 갖추어야 할 다섯 가지 기준을 제시하고 있다. 그것은 모두 건물의 건축적 질서에 적용될 수 있는데, 신학(theology), 역사(history), 사목적 고려(pastoral care)에 대한 탐구 등 세 가지 분야와 교회를 위한 실제적 요구의 평가, 그리고 유기적 성장의 고려이다. 모두 어떠한 변화도 '전통의 연속'을 유지하면서 '신앙의 풍성함'을 추구해야 함을 주지시키고 있다.

제 2차 바티칸 공의회의 완전한 이행은 요한 바오로 2세(Joannes Paulus Ⅱ, 1920-) 교황직의 주 테마이다. (공의회를 소집하고 끝마쳤던 전임 교황 - 요한 23세와 바오로 6세 - 을 기리고 그들의 뜻을 이어받아 그들의 교황 명을 이어 받았다). 공의회는 오직 새로운 상황에 적응할 필요가 있는 것만을 말할 뿐 스스로 많은 변화를 추구하지 않았다. 공의회가 의도하지 않았거나 공의회의 의도와 전혀 상이한 것조차 '공의회의 이름으로' 알려진 이래 현 교황청은 변화의 고삐를 당기는 입장이다. 시대의 요구에 대한 교회의 반응이 강하고 솔직한 만큼, 우리가 짓는 교회도 우리 시대에 대한 강한 응답이 되어야 한다. 교황이 그리스도가 이 세상에 오는 것을 추구하기 때문에 따라서 우리의 건축도 육화적(incarnational)이어야 한다. 최근 교회 건축의 허약성과 진부함은 점차 세속화되어 가는 현대 사회의 탓으로만 돌릴 수는 없다. 왜냐하면 사회는 항상 세속적이고 물질주의적이었다. 전례와 건축상의 빈곤함을 초래한 것은 오히려 신학상의 혼란에 의해 비롯된 방향과 확신의 결여 때문이다. 즉 "건물의 메마름은 현대 신학의 메마름을 반영하고 있는"[18] 것이다.

교회가 강하고 튼튼할 때 교회 건축은 풍부하고 표현적이다. 왜냐하면 신학과 선교, 교회 예술의 깊이 사이에는 교회 역사상 뚜렷한 상관 관계가 있기 때문이다. 교회 건축의 위대한 시대는 교회의 정신을 명시하는 강한 건축적인 표현을 가졌었다. 재판을 위한 로마의 포름으로부터 파생된 바실리카(basilica)는 그리스도의 심판을 세상으로 유도한 교회의 성명(聲明)이다. 고딕 대성당은, 지상교회는 천상 예루살렘을 예시하는 것이라는 성 아우구스티노(St. Augustinus)의 우주관과 신학의 구현이다. 이것은 특히 성 아우구스티노에 뿌리를 둔 성 토마스 아퀴나스(St. Thomas Aquinas)와 같은 스콜라 철학자들의 작업과 평행하며 동시에 발전하였다. 반종교개혁시대의 바로크 건축의 풍성함은 성찬례와 말씀의 선포를 강조한 트리엔트 공의회(1545-1563)의 건축적인 확인인 동시에 칼빈파의 성상반대주의(iconoclasm)와 내핍에 대한 무언의 비판이다. 퓨진(A. W. Pugin)에 의해 지지된 고딕 부흥은 르네상스, 종교개혁, 계몽주의, 산업혁명에 의해 야기된, 점차 물질주의화 되고 조각난 사회의 정신적 기초를 떠받치기 위해 '그리스도교 건축'을 갈구한 결과이다. 낭만주의자들은 중세를 사회가 통합된, 영적이고 신앙으로 충만된 시대로 보았다. 그 시대는 선(善)했고, 고딕 건축은 그 시대의 산물인 동시에 도덕적이었기 때문에 중세의 가치를 회복하기 위해서는 중세의 양식으로 지어야 한다는 것이었다. 따라서 퓨진에게 있어서 그것은 양식 이상의 문제였고, 원칙의 문제였다.[19] 산업혁명이 인간성을 빼앗은 데에 대항하여 고딕은 그리스도교 사회를 재건하기 위해 채택되었다. 유물론에 대항한 논쟁의 건축적 암시는 교황 비오 9세(Plus IX, 1792-1878)의 근대주의(Modernism)의 거부에 의해 촉진되었다. 그리하여 고딕 부흥의 교회 건축은 제 2차 바티칸 공의회에 의해서, "강하긴 하지만 의문의 여지가 있는 시대 착오적인 건축이 제1차 바티칸 공의회의 사고와 태도를 표현하여 왔다"고 비판될 때까지 지어졌다.[20] 따라서 제 2차 바티칸 공의회가 확실히, 공개적으로 복음의 요구에 따라 세상과 맞닥뜨리고 응답하는 만큼 우리의 건축도 그것에 맞춰 따라야 한다.

주 18) C. Pickstone : "Creating Significant Space" CHURCH BUILDING, Autumn 1988, P. 10.

주 19) D. Watkins : Morality and Architecture, (Oxford : OUP 1977) p.13

주 20) Steven J Schloeder, The Architeucre of the Vatican II Church, Uni. Bath, 1989, p.15

교회 건축의 위대한 시대와 같이 우리들도 현대 사회에 대응하는 강한 건축을 찾아야 한다. 이를 위해 첫째, "가톨릭 신학의 기준으로서 공의회의 진실한 자의(字意)와 정신을 바탕으로 제2차 바티칸 공의회의 본성을 활용하여" 공의회의 건축적 의제(議題)를 개척하고 이를 토대로 추진하여야 한다.

현대 가톨릭 전례공간의 계획 지침

가톨릭 전례공간의 계획지침

　현대교회는 전례, 친교, 교육, 선교, 봉사라는 기본적인 기능과 이를 촉진하기 위한 다양한 프로그램 활동들을 포함한다. 이러한 활동들은 각각 서로 다른 특성들을 가지고 있을 뿐만 아니라 영적인 문제들과 관련되어 있기 때문에 다양하고 특별한 공간들을 요구한다. 따라서 교회건축의 공간계획은 다른 어떤 종류의 건축보다 매우 복잡하고 어렵다.

　더욱이 이러한 공간들은 서로 결합하여 어떤 형태를 이룸으로써 '하느님의 집'과 '하느님 백성의 집'을 상징적으로 표현하여야 하기 때문에 고도의 전문적이고 창조적인 능력을 필요로 한다. 특히 교회건축의 핵심인 전례공간은 교회건축의 역사성과 전통성의 기초위에 신학적인 해석도 필요하다.

　양식(style)과 규범에 의해 설계되던 과거와 달리 현대교회는 건축가와 예술가에게 많은 자유가 주어져 있다. 그런 만큼 전례와 신학에 대한 기본적인 이해가 더욱 필요하다. 그리스도교 교회의 전례는 종파에 따라서 차이가 있다. 그러나 가톨릭 전례를 기본으로 어떤 부분이 생략되거나 강조되거나 하였다. 가톨릭 전례에는 통일된 규범이 존재한다. 따라서 가톨릭 교회의 전례공간 계획의 가이드 라인은 모든 종파의 교회건축과 성미술에 유익한 참고가 될 수 있다.

　교회건축과 성미술에 대한 현대 가톨릭 교회의 규범이 되는 것은 제2차 바티칸 공의회의 전례 헌장에 명시되어 있다. 제2차 바티칸 공의회의 전례 헌장을 기초로 하고 공의회 이후 교황청에서 나온 지침[1]과 각종 전례서 및 교회법전, 그리고 국내의 관련 문헌 등을 분석하여 현대 가톨릭 전례공간의 구성과 성물디자인의 계획지침을 정리한다.

주 1) 禮部聖省,「전례 헌장 실시를 위한 일반 지침」, 1964 : 이 지침의 제 5장(90-99조)은 "신자들의 능동적 참가를 용이하게 하기 위한 성당 및 제단의 적절한 건설"이란 제목을 붙이고 10항목의 지침을 내고 있는데 전례 헌장 제 128조에 관한 구체적인 전례의 장을 규제하는 기본적인 법규로 되어 있다. 典禮聖省, Missale Romanum, 1969 : "로마 미사 경본의 총지침"에는 제 5장에 감사의 祭儀를 바치는 성당의 배치와 장치에 대하여 12항목 28조에 달하는 지침이 주어져 있다.

분석의 기준은 전례헌장에 제시한 다섯 가지 - ① 신학 (theology), ② 역사(history), ③ 사목적 고려(pastoral care), ④ 실제 적 경험(practical experience), ⑤ 유기적 성장의 고려(concern for organic growth) -[2]이다. 이러한 기준은 전례혁신을 재검토하고 공 의회에 대한 진실한 건축적인 응답을 찾는데 매우 유효하다고 생 각된다.

주 2) Vatican II : Sacrosanctum Concilium, 1963. 23

교회 건축에 대한 현대 가톨릭 교회의 규범이 되는 것은 우선 제2차 바티칸 공의회의 전례 헌장에 명시된 전례의 사고이다. 특 히 제7조는 가장 중요한 원리로 되어 있다. 말씀의 전례는 성서 낭 독을 중심으로 행하나 제 51조는 회중을 향하여 낭독할 것을 명기 하고 있다. 제7장(122 - 130조)은 교회 미술과 제구 및 제의에 관한 장인데, 여기에는 교회와 미술과의 관계를 비롯하여 교회 미술의 사명과 그것을 촉진하고 좋은 것을 보존하기 위한 지도와 교육, 또 그것을 규제하는 법규의 필요성, 성당 건축, 성상, 성서와 제구, 제의 및 교회 용구와 장비품 등에 대해 9개조의 원칙이 명시되어 있다.

전례거행을 위한 성당의 내부구조는 기본적으로 성단 (sanctuary), 성체보존을 위한 장소, 회중석 및 고백소, 세례소 등 의 성사집전 공간 등으로 구성된다.

성단의 의미와 구성요소

성당 내부공간 구성의 출발점은 "여러분은 나를 기억하여 이를 행하시오"(루가 22, 19)라는 그리스도의 말씀이다. 하느님의 뜻은 교회가 예배를 위해 모여서 바로 그리스도가 자신의 사도들과 했던 일을 해야만 한다는 것이다. 신자들이 사제와 함께 그리스도의 행동과 말씀과 표징을 반복하여 행할 때 주님, 즉 예수 그리스도가 스스로 신자들 사이에 구원의 선물을 가지고 현존한다. 이와 같이 하느님 백성들의 행위는 교회 내부공간 구성을 위한 원칙이 된다. 어디에 어떻게 성당이 세워지든 항상 근본적인 것은, 미사에 참여하는 사제와 신자들로 구성된 공동체는 그 자체로서 본질적인 예배장소를 형성한다는 것이다.

미사예식에 적합한 공간을 만들기 위한 성당 내의 배치는 각자가 역할을 분담하고, 각각의 역할이 미사 중에 기능적으로 효과를 올릴 수 있는 집회의 장이 되어야 한다. 거기에 적합한 주례자와 봉사자의 자리가 필요하고, 회중과 성가대의 자리도 능동적인 참여를 용이하게 하는 곳이어야 한다.[3]

주 3) 성당 축성 예식서 2장 1절 3항 및 미사 경본 총지침 257

성단을 구성하는데는 제대, 사제석, 독경대, 십자가상, 감실, 낭독대(해설대), 성찬란, 제의실 등 7가지의 전통적인 요소가 있다. 그중 제대, 사제석, 십자가상, 독경대는 미사에서 그리스도 현존을 표현하는 필수적인 요소이다. 감실은 가톨릭의 봉헌적인 삶의 초점이요 성체성사와 관련된 중요한 설비이다. 그러나 미사에 꼭 필요하지 않으며 정확히 말해 성단 내에 배치할 필요가 없는 것으로 그 위치는 현대성당 계획에서 가장 심각히 고려해야 할 부분이다.[4] 해설대와 성찬란은 전례적으로 꼭 필요한 것은 아니지만 기능적인 이유에서 전통적으로 존치되어왔다.

주 4) 김정신, "가톨릭 전례공간의 감실 위치에 관한 실천신학적 연구", 「건축역사연구」 건축역사학회지 제1권 1호, 1992 참조

현대 성당건축의 내부공간 구성에 있어 가장 크고 일반적인 변화는 다음과 같은 3가지이다.

(1) 제대의 위치 : 제대는 앱스(apse)나 제단벽의 근처이거나 벽에 붙여 놓였으나 제2차 바티칸공의회 이후에는 사제가 제대 주위를 충분히 돌 수 있도록 벽과 충분한 공간을 유지하며, 신자들의 주의가 자연히 모이는 중심에 둔다.

(2) 집전사제의 방향 : 제2차 바티칸 공의회 이전에는 사제가 신자를 등진 상태로(신자와 같은 방향으로 서서) 미사를 행하였으나, 지금은 마주보고 행한다.

(3) 감실의 위치 : 이전에는 성단 내 감실제대 위에 두었으나 지금은 제대 중앙 뒤쪽이나 성단의 좌 혹은 우측에 위치하며. 심지어 분리된 채플에 따로 두기도 한다.

제대 (Altar)

제대의 상징성

전례의 중심인 제대는 그리스도의 십자가상 봉헌이 기념되고 현재화되는 장소이고, 그리스도가 불러주는 주님의 식탁이며, 성체성사로 완성되는 감사의 중심이다.[5] 그러므로 성당 내에서 가장 큰 존경의 대상이 된다.[5] 엄밀히 말해 교회는 여러 건물 중에서 제대가 있는 건물이 아니라 교회가 제대 둘레에 지어진다고 말할 수 있다. 제대야말로 교회의 시작으로서 교회건축의 존재 이유(rasion d'être)이다. 제대의 봉헌은 전체 전례의 기초이기 때문에 제대를 봉헌하지 않고 교회를 봉헌하는 것은 관습과 전례법에 의해 금지된다.[6]

주 5) 예부 성성, Eucharisticum Mysterium (성체 신비 공경에 관한 예부성성 훈령), 1967, 24.

주 6) 성당 축성 예식서, 3장 1항

주 7) 성당 축성 예식서, 4장 23항

제대는 영원한 사제직을 거행하는 천상제대의 상징이자 그리스도 자신(십자가 죽음과 무덤)의 상징이다. "제대는 경의의 대상이다. 그것의 본성은 돌이지만 그리스도의 성체를 받은 다음에 신성해진다."[7] 제대는 그리스도가 만나고 그의 교회를 살찌우고 성별(聖別)시키는 신성한 만남의 장소이다. 하늘과 땅이 만나고 시간과 영원히 접촉하는 장소라 말할 수 있다.

제대의 역사

제대의 역사에는 여러 단계가 있다. 사도들과 그 직제자 시대에는 예수 때처럼, 식탁이 곧 제대였다. 곧 만찬의 자리에서 빵과 포도주를 봉헌·축성하여 서로 나눔으로써 주님과 하나되고 서로 한 몸이 되었던 것이다. 그러나 제의(祭儀)의 뜻이 더 고조되면서(1고린 10:21) '주님의 상'으로 쓰이는 삼각상 또는 둥근상을 신자들이 모이는 집에 따로 두기 시작하였다.

카타콤바의 프레스코화에서 묘사된 나무식탁은 다양한 형태를 띠고 있다. 어떤 것은 정방형이고, 어떤 것은 원형이고 어떤 것은 반원모양이며 어떤 것은 다리가 세 개이지만 네 개인 것이 더 일반적인 것이었다. 초기의 성찬 아가페(agape) 식탁에서 발전한 3세기의 제대식탁(altare-mensa)은 히폴리토의 『사도전승』에서 언급하는 것처럼, 제대 위에 성찬 요소와 다른 봉헌물을 올려놓아 축복할 수 있을 정도로 넓게 만들어졌다.

바오로의 무덤위에 중앙제대를 설치하고 그 위에 이디큘라와 감실을 올렸다.
그림 1. 로마 바오로대성전의 중앙제대(4C/19C복원)

전례가 발전함에 따라 돌이 점차 제대의 중요한 재료가 되었다. 고대 유대교 제단은 자주 돌로 만들었으며, 야훼가 다듬지 않은 돌로 만들도록 명령하였다.(출애 20,25) 예수 자신도 "집 짓는 사람이 버린 돌이 이제 모퉁이의 머릿돌이 된다"(마태 21,42)고 확인하였다. 초기 교회는 예수가 부활한 무덤의 돌을 존경하였다. 어떤 저자들은 그리스도의 돌제단이 로마시대 집의 수호신에게 제물을 바치던 카르티불름(cartivulum)의 수용이라고 추정하는 반면, 어떤 저자들은 카타콤바의 순교자 무덤 위에서 미사가 봉헌되었던 그 아코소리움(arcosolium)으로부터 발전된 것이라고 추정한다. 또한 이러한 추정은 어리석고 아무런 근거가 없는 우스꽝스러운 것이라고 공박하기도 한다.

그림 2. 닫집을 갖춘 제대(9C,아폴리나레 인 클랏세 성당)

교회가 전례와 신학에서 발전시킨 여러 사건들에 의해 돌 제단은 점차 나무 제단을 대체하기 시작하였다. 그리하여 6세기경에는 지역 교회법에 의해 돌 제단이 요구되기도 하였고, 12세기경에는 실제 돌 제단이 보편적이었다. 또한 제대 주위에 4개의 기둥을 세우고 제대 상부를 덮는 닫집(天蓋) 형태의 구조물인 '발다키누스'(baldachinus) 또는 '치보리움'(ciborium)이 세워지기도 하였다.

그림 3. 16세기경의 제대(하노버)

9세기 말경부터는 제대 위에 여러 성인의 유해를 모셔놓는 관행이 생겨 그 형태가 많이 달라졌으며 마침내 제대는 그 신성한 독자성을 잃게 되고 벽에 가 붙으면서 과다한 장식[8]으로 그 의미가 흐려졌다. 제대변형의 마지막 단계는 16세기부터(일부 종교개혁

주 8) 유해함과의 결합은 바로크시대 제단 뒷편의 장식병풍인 리어도스(reredos)로 유도되어 성단(sanctuary)의 중앙에 독립하여 서 있던 것이 뒷벽에 통합되었다. 그리하여 제대 자체는 성단 전체의 구성보다 덜 중요시되기도 하였다.

에 맞서) 제대 위 한가운데 감실을 두는 관습이 생겼으며 더러는 오늘날까지 이어지고 있다.

제대의 형태와 재료

그림 4. 나무제대(20C)

그림 5. 장방형 돌제대(20C)

그림 6. 정방형 돌제대 (20C)

제 2차 바티칸 공의회 문서는 제대가 고정 또는 이동 모두를 허용하고 있으나(미사 경본 총지침 260) 그리스도 상징으로서의 초대교회의 개념은 계속 존중되고 있다. 그러므로 주 제대는 돌로, 그것도 주님의 신체적인 통일을 상징하기 위해 하나의 자연석으로 만들어져야 하며(교회법 1236조 및 성당 축성 예식서 4장 9항), 그리스도의 영원한 희생의 표시로서 고정되어야 한다.(교회법 1235조 2항). 교회가 모든 제대를 돌로 하기로 한 1596년[9]의 결정이 아직 유효하지만 지난 30여 년간 많이 무시되어 왔던 것도 사실이다. 나무제대가 바람직하다는 어떠한 증거가 공의회 문헌에는 없음에도 불구하고 제 2차 바티칸 공의회 이후 나무 제대는 계속 증가되었다.[10] 이것은 전례운동의 결과로서 식사를 위한 모임을 더욱 함축하기 위한 것으로 보인다

성당의 주 제대는 반드시 봉헌되어야 하고, 이동 제대는 봉헌되거나 축복된다(교회법 1237조). 제대 축성시에 그리스도의 5상(傷)을 나타내는 5개의 십자가를 제대 상판 가운데와 네 귀퉁이에 크리스마 성유로 바른다.

제대의 형태는 이전의 리어도스에 붙은 길게 늘어진 제대보다 정방형 또는 약간 긴 장방형이 좋다. 물론 이것은 석관과 그리스도가 부활한 무덤의 돌의 상징성을 감소시킨다. 그러나 회중의 주의를 제대 위의 제사로 되돌리는 이점이 있다. 장방형 형태는 역사적으로 더욱 희생제와 연관되며 긴 장방형 테이블은 더욱 식사를 떠올리게 한다.

제대가 보다 작아지고 정방형으로 돌아감으로써 두 가지 문제가 제기된다. 하나는 회중석을 향한 시각적 터미널로서의 힘과 성단의 초점으로서의 탁월성을 상실하는 것이며, 다른 하나는 미사의 공동 집전을 어렵게 한다. 작은 제대의 탁월성 문제는 제대 위의 천장 장식이나 캐노피(canopy), 시보리(civory)[11]등의 건축적인 보완으로 해결할 수 있다. 이럴 경우 제대 주위의 동선이나 회중석의 시야를 방해하지 않도록 주의해야 한다.

주 11) 베드로 대성당의 베르니니가 디자인한 것과 같은 석제, 금속제, 또는 목제의 기둥에 의해 받쳐진 구조물.

제대의 장식

제대를 그 품위에 맞도록 고귀하게 만드는 것은 합당하다. 그러나 그의 본질을 덮어버리는 행동을 해서는 안된다. 제대는 감실, 십자가, 성체등, 성상과 꽃을 위한 기저(基底)가 아니다. 이것들이 필요하다 할지라도 제대의 본질적인 것을 침해해서는 안 되는 것이다. 미사를 행할 때 제대에는 적어도 한 장의 제대포를 씌운다. 그 모양, 크기, 장식 등은 제대 구조에 적합하도록 만들어야 한다. 그리고 제대 위에 적어도 두 개나 네 개 또는 여섯 개의 촛불을 켜 놓는다.[12]교구장 주교가 미사를 집전할 경우는 일곱 개의 촛불을 켜 놓는다.[13] 촛대는 제대의 장식에 속하나 그리스도의 현존을 강조하고 존경과 축제의 기쁨을 표시하는 것을 꼭 제대 위에 놓을 필요는 없다. 제대를 중심으로 하는 전례의 장 전체와 제대 위에 놓여지는 것들이 잘 보이도록 배려하여 제대 가까이 세울 수 있는 촛대가 더 바람직하다.

아직도 순교자와 여러 성인들의 유해를 제대 안에 안치하는 고대의 풍속이 지속되고 있다.[14] 제대 아래 안치되는 유골은 인간 신체의 부분으로 인식될 수 있는 크기가 되어야 하며, 그것의 진위가 입증되어야 한다. 의심스러운 유해를 안치하는 것보다 유해 없이 봉헌된 제대가 더 좋다. 또 이전처럼 제대 위에 유해함이 놓여져서는 안된다.[15] 그러나 지지대나 바닥아래에 놓이는 것은 허용될 수 있을 것이다.

그림 7. 제대와 제대포

그림 8. 제대장식(요크민스터)

주 12) 어떠한 경우라도 한 사제가 드리는 미사를 위해서는 두개의 초로 족하다. 또 1년을 통해 평일의 장엄 미사 및 제3급 축일의 미사에도 마찬가지이다. 일요일 및 제2급 축일의 장엄 미사에는 4개의 초가 필요하고, 대축일의 장엄 미사에는 6개가 필요하다. (주교 전례서 제1권, 제 12장, 11, 16, 24)

주 13) 미사 경본 총지침 79.

주 14) 미사 경본 총지침 266.

주 15) 성당 축성 예식서 4장 11항

사제의 방향

　　제2차 바티칸 공의회 이후 거의 보편적으로 사제는 회중을 향한 일종의 "대면식 미사"를 거행한다. 공식적인 명령이 없었지만 그 변화는 순간적으로 일어났다. 전례헌장이 제대를 벽에서 떨어지게 함으로써 회중을 향한 미사가 가능하게 된 때문이지만 공의회 중에 처음으로 TV로 방영된 교황의 베드로 대성당에서의 미사 때문이라고 생각된다. 그것이 회중을 향한 바실카식 배열을 보여 준 이래 새로운 규범이 된 것이 공통된 결론이다.[16] 지금은 규범이 되었지만 그것이 건축과 공동체에 미친 영향을 검토할 필요가 있다.

　　먼저 가톨릭 전례의 동적인 성격을 이해하는 것이 중요하다. 회중을 등진 사제는 비밀스럽고, 엘리트적인, 그리고 평신도와 꽤 분리된 어떤 것을 하고 있는 것으로 이해될 수도 있다. 사제와 신자들이 같은 방향으로 향하면 사실 그들이 삼위일체적인 예배 행위로서 같은 일(미사)을 하는 것이 된다. 사제가 회중을 인도하며 그 배열은 얼굴을 알 수 없는 다소 익명의 사제가 신과 인간 사이를 연결하는 '또 다른 예수' 라는 것을 환기시킨다.

　　그러면 회중과 마주보는 사제의 위치가 과연 신자들의 적극적인 전례에의 참여를 돕는가? 혹시 신자들은 오히려 영화관이나 극장에서의 관람객처럼 되는 것은 아닌가? 사제와 마주보고 미사를 드리는 일반 신도가 전례에서의 한 역할을 제대로 하는가에 대한 진지한 검토가 필요하다. 랏칭거(Ratzinger)추기경이 지적하듯이 서로 마주보는 사제와 신자들은 "대화적인 관계 속에서, 성찬식에 탁월성을 부여하는 격정적인 삼위일체의 역동성을 깨닫지 못하면서도 긴밀한 원으로 회중을 끌어넣을 수 있다."[17] 또한 상식적인 측면에서 제대를 사이에 둔 배열은 분리된 '그리스도의 몸' 을 암시할 수도 있다. 사제는 관람하는 회중들을 위해 다른 무엇을 하는 것으로 보인다.

그림 9. 제2차 바티칸공의회 이전의 기본형태인 벽에 붙어있는 제대

주 16) Bouyer, Liturgy and Architecture, pp. 105-106

주 17) Ratzinger. J. : Feast of Faith, IGNATIUS, 1986, p.142.

역사적으로 신자와 사제의 방향에 대해서는 둘 모두 나름대로의 근거를 갖고 있다. 중세까지 회중을 향한 미사가 뚜렷한 기준은 아니었다는 것이 명백하다. 그러나 반종교개혁까지의 대다수 교회는 동쪽을 향했다. 최후의 만찬의 전형은 모두 같은 방향으로 향할 것을 권장하고 있다. 같은 편에 앉은 주님과 사도들이 식탁의 다른 편으로부터 봉사를 받는 그런 모습이다. 이것은 지중해 문화의 향연(饗宴)의 일반적인 배열이다. 그렇지만 최후의 만찬으로부터 많은 것을 구하려는 시도는 어리석은 짓이다. 왜냐하면 그것은 교의적(教義的)인 내용이지 실제 전례형식이 아니기 때문이다.

순교자의 석관(石棺) 위에서 행해졌던 카타콤 미사는 아코소리움(arcosolium)이 보통 벽을 등진 것으로 보아 모든 사람이 같은 방향으로 예배를 보았을 것이며, 초기 시리아 교회는 앱스나 회중석의 중앙에 제대를 놓았다. 중요한 것은 사제가 어떤 방향으로 신자들을 면하는가가 아니라 우주적인 전례의 일부로서 모두가 동쪽을 향했다는 사실이다. 사실 '회중과 마주하는' 에집트 교회에서도 성찬 기도시 '동쪽을 향하도록' 하였기 때문에 제대를 등지는 결과가 되기도 하였다.

10세기경까지에는 미사가 회중을 향해 거행되더라도 사제의 탁월한 위치는 벽면을 등지고 제대를 바라보는 위치였다. 점차 동향(orientation)에 대한 고려는 사라졌다. 바로크 성당들은 고대의 참조 없이 지어졌는데 14세기에서 19세기까지 리어도스(reredos)는 회중과 무관한 방향성을 강조하였다. 문화와 인식이 변하면서 사제와 회중은 각기 다른 분리된 일을 하는 것으로 보게 되었다.

새로운 제안

지금까지 검토해 보았듯이 핵심은 사제와 신자가 마주보는 문제가 아니라 적절한 방향 잡기(orientation)였다. "제대 주위로 에워싸야(turned)"한다는 것은 잘못된 고고학적 결론이다. 공의회의 진실한 '적극적인 참여'(*participatio actuosa*)의 정신으로 돌아가서 방향(orientation), 지향(direction), 위치(position)의 문제와 제대와 성단의 회중석에 대한 관계를 재 고찰해야 한다. 교회의 결정적인 모델로서 19세기의 교회를 그대로 채택하여서는 안되지만, 동시에 공의회 이후의 형태를, 특히 사목적으로, 신학적으로, 역사적으로 허약성을 지닌 형태를 묵계적으로 받아들여서도 안된다.

교회의 신비를 표현하는 "위계적인 그리스도의 몸"과 "하느님의 일반 백성" – 전적으로 상반되지 않는 – 을 반영하는 건축적인 배열을 찾기 위해서는 다음과 같은 4가지가 필수적으로 고려되어야 한다.

첫째, 관람자로 전락하는 위험 없이 미사 성제에 신도들의 진실한 참여를 촉진하는 배열.

둘째, 성직과 평신도 사제직의 진정한 구별을 반영하는 배열.

셋째, 제대의 참다운 탁월성을 부여하는 배열.

넷째, 교회 전체 –사제와 신자– 가 한 방향(동쪽)을 향해 기도하는 고대의 깊은 크리스챤 행위를 회복하는 배열.

제대주변의 성물과 기물

십자가상 (Crucifix)

십자가상의 의의

제대 다음으로 중요한 전례의 성상(icon)은 십자가상이다. 왜냐하면 미사는 본질적으로 십자가상의 죽음과 뗄 수 없이 연결되어 있기 때문이다. 십자가상은 미사의 전체 의미를 그대로 상징한다. 그것은 신이 인간이 되어 묘사할 수 있게 되었고, 성체 안에서 다시 교회가 된다는 육화(Incarnation)의 신학을 구체화한다. 그것은 신이 인간이 되고 종의 신분을 취하여[18] 세상의 죄를 덮어쓰는 그의 고난과 죽음의 다양한 양상을 마음에 새기며, 그리스도의 고난을 나눌 신자들의 임무를 일깨운다.

주 18) 필립 2, 7

역사

초기 교회부터 십자가상은 신앙의 중심이 되어 왔다. 성 바울로는 "십자가에 매달리신 그리스도"(1고린 2,2 ; 갈라 3,1 ; 6,14)를 전도하였다. 어떤 책에서는 초기그리스도인들이 십자가가 이교도들의 형틀과 연관되기 때문에 상징으로 쓰기를 거부하였다고 하지만 그렇지 않다는 충분한 고고학적 근거가 있다. 폼페이에서 발견된 "Sator Square"는 가로·세로 방향을 읽어서 알파로 시작하여 오메가로 끝맺는 '우리 아버지' A-PATERNOSTER-Ω 의 십자가가 재구성되는 아나그람(anagram)[19]이다.

십자는 앵커, 나무, 쟁기, 사닥다리와 같은 것을 통해 그리스도 교도의 무덤관에 일반적으로 들어 있었다. 십자가는 초기 교회에

R O T A S
O P E R A
T E N E T
A R E P O
S A T O R

그림 10. Sator Square

주 19) 철자를 바꿔 만든 낱말

의해 희망과 승리의 상징으로 이해되었다. 예를 들면 순교자 자스티노(Justinus)는 십자가를 배의 돛으로 보아 "이 승리의 표시 없이 항해는 불가능하다"고 하였으며 쟁기도 역시 십자가 형태인데 "이 십자가 없이는 땅을 경작할 수 없다." 다른 문헌에는 그리스도인들의 집회실 동쪽 벽에 십자가를 배치했던 초기 풍습을 기술하고 있다. 처음엔 재림의 상징으로, 나중엔 수난을 회상케 하는 것으로 사용하였다. 초기에 십자가는 두 팔을 수평으로 벌린 모습의 기도자의 뜻도 포함하였다.

그림 11. 수난의 십자가상

콘스탄틴의 승리와 진짜 십자가의 발견(AD 326년) 후 십자가는 "영광의 표징"으로 보여지게 되었다. 여전히 십자가는 chi-rho 상징인 새끼 양 또는 클라쎄의 성 아폴리나레(St. Apollinare in Classe) 성당의 앱스 모자이크에서 볼 수 있는 바와 같이 그리스도의 머리와 함께 묘사된다. 6세기부터 13세기까지 그리스도는 승리의 구세주, "부활의 십자가"로서 보인다. 11세기 이후 사실적인 표현의 십자가가 대중화된다. 13세기부터는 보통 죽어서 감은 눈에 머리를 떨어뜨리고, 떨어진 옷에 피 흘리고 가시관을 쓴 모습으로 표현된다. 오늘날 부활 십자가는 다시 인기를 얻고 있으며, 유럽의 십자가상은 죽었거나 고통받는 그리스도의 모습으로 표현되지만 덜 사실적이다.

제안

그림 12. 제대위의 십자가(19C)

주 20) 미사 경본 총 지침 270

십자가상의 전례적인 사용은 미사를 갈바리아(Calvaria)의 주님 희생 맥락 안에서 거행하는 것이다. 그러므로 분명히 제대와 제대 위 또는 제대 근처와 연결된다.[20] 전통적으로 십자가는 동쪽 벽에 붙어있어 미사시 사제와 신자들이 그것을 향하므로 미사의 공통된 초점이 되어왔다. 오늘날 회중을 향한 미사에서 사제는 벽에 붙은 십자가를 등지는 꼴이 된다. 그러므로 제대 위에 작은 또 하나의 십자가가 놓일 수 밖에 없다. 랏칭거 추기경은 일종의 "개방된 성상"으로 보아서 다음과 같이 말한다.

"사제가 신자들을 향할 때 십자가는 제대 위 사제와 신자가 볼 수 있도록 놓을 것이다. 성찬식에서 그들은 서로를 볼 것이 아니라 십자가에 메달린 구세주만을 보아야 한다"(즈가 12,10 ; 묵시 1,7). [21]

따라서 제대 위에 놓은 십자가는 "시선을 방해하지 않고 모든 사람의 지향을 끌어모아 통일시키는 이미지이다." 전체 회중에게 이 공통 초점을 주는 것은 정말 중요하다. 그것은 말씀의 전례와 성찬의 전례 사이에 뚜렷한 구별을 하는 데 도움을 주는 배열로 생각된다. 왜냐하면 말씀의 전례는 회중에게 선포하는 것이고 성찬의 전례는 신의 이미지를 말하는 것이기 때문이다.

십자가의 크기는 교회의 크기, 신자석과 제대의 거리 등에 따를 것이며, 회중석에서 쉽게 보이도록 충분히 커야 한다. 그러나 행렬 십자가는 필수적으로 보다 작다. 십자가상은 또한 명상의 도구로서도 봉사한다. 그러므로 어느 정도 디테일이 요구된다. 여러 가지를 고려할 때 인체 크기의 십자가가 적합하다.

디테일도 역시 중요하다. 부활 십자가의 사용은 수난의 부정이 되어서는 안 된다. 그러나 교황 비오 12세는 다음과 같은 경고로 이것에 주의를 환기시키고 있다. "그리하여 ……직선 통로로부터 벗어날 것이다.…… 십자가가 신성한 구세주의 몸이 그의 무서운 고통의 흔적을 남기지 않도록 디자인되어야 한다는 ……"[22]십자가가 너무 사실적이 되어서는 않된다. 그것은 그리스도의 신성함과 승리를 방해하는 경향이 있다. 이상적인 십자가는 매혹적인 슬픔, 믿음과 사랑, 십자가형의 고요함과 고귀함을 표현해야 한다. 전례학자들은 일반적으로 고난의 십자가상이 부활, 성신 강림, 크리스마스와 같은 축하 예절에는 부적절하다고 생각한다. 이것을 위해 어떤 교회에는 제대 가까운 곳에 큰 십자가를 두고 그 위에 교체할 수 있는 몸을 건다. 보통 때는 보통의 십자가상이 있고, 부

그림 13. 벽에 건 십자가 (에브리성당, 20C)

주 21) Ratzinger, Feast, p144

그림 14. 메단 십자가상(20C)

그림 15.. 현대 십자가상 (리버풀 대성당, 20C)

주 22) Mediator Dei, 66

활 시기 또는 예수의 산상 현성용(顯聖容)과 같은 축제에서는 십자가의 승리와 그리스도 왕 십자가가 부활한 그리스도를 표시하며, 사순절의 십자가상은 무덤에 묻는 것을 상징키 위해 수난을 강조한다. 이러한 방법으로 교회 장식은 더욱 인상적으로 전례 주년을 표현하고, 묵상을 안내하는데 도움이 될 수 있다.

사제석 (Chair)

의미와 역사

그림 16. 초기의 주교좌

미사 집전 신부를 위한 특별한 의자는 신부가 주교였던 초기부터 비롯되었다. 주교좌(主敎座, cathedra)는 주교관(主敎冠)이나 주교의 목장(牧杖)보다 몇 세기 앞선다. 사도들이 그들이 설립한 교구에 주교좌를 확립하였는데 최소한 그 중의 하나는 안티오키아의 베드로좌 축제의 고대 축전에서 여전히 기념되고 있다. 의자의 상징은 그리스시대 철학 학교의 카데드라(cathedra)에서 유래한다. 그러므로 기본적으로 교육의 상징이다. 주교가 듀라-유로포스와 같은 데서 작은 단에 자주 앉아 가르치는 데서 유래하였으며, 또한 교구를 통치하는 주교의 권위를 인정하는 표시로 바실리카의 재판관 의자를 참조했음도 분명하다.

주교좌는 오로지 주교만을 위해서 존재해 왔다. 초기의 형태는 곧 로마인들이 사용하였던 간단하고 접을 수 있는 등받이가 없는 안락 의자였는데 차츰 등받이가 높은 옥좌(玉座)로 발전되었다. 그것은 보통 나무나 돌로 만들어지는데 카타콤바의 암석에 조각되어 있기도 하다. 콘스탄티누스의 승인 이후 교회는 재판관의 역할을 수행하게 되어, 주교좌는 더욱 정교하여지고 옥좌와 같이 보석으로 장식되었다. 아우구스티노시대 (5세기)에 이르러서는 주교좌가 높은 단에 올려지고 캐노피로 덮거나 커튼으로 드리워졌다.

주교는 "신품성사의 충만함을 누리고, 최고 사제직의 은총을 관리하는"[23] 후계자이기 때문에 주교좌는 상징적으로 중요하다. 이것은 주교가 가장 완벽한 그리스도의 대리자이며 사제의 권위는 주교로부터 파생되고 주교에 의해 보장됨을 의미한다. 초기 교회의 주교와 사제의 관계는 그리스도와 사도와의 관계를 반영한 것으로 이해되었다. 안티오키아의 성 이냐시오(St, Ignatius, 3대 주교)는 그들의 주교를 따르도록 트랄리아인에게 말한다. 그리고 스미르나의 교회에 보낸 편지에서 "그리스도가 아버지를 따르듯이 모두 주교를 따르라. 그리고 당신의 사제에게 복종하라. 그러면 너희는 사도가 된다."[24]

교구의 전례 생활은 주교를 중심으로 하며 특히 그의 주교좌 성당에서는 이를 중시한다. 그러므로 주교의 의자는 그리스도 통치의 상징이며 특별한 주의를 기울여 제작되어야 한다. 주교좌는 여전히 신도들을 가르치는 "선포의 장소"로 인식되기 때문에 회중석에서 쉽게 보이는 곳에 위치한다. 제2차 바티칸 공의회 이전에는 오직 주교만이 특별한 유형의 의자를 가졌을 뿐, 그 이하의 성직자는 세딜리아(sedilia)라 불리는 이동식 벤치에 앉았다.

사제석의 위치와 형태

공의회 이후 주례 사제의 의자가 중요시되었다. 아마도 하느님 백성의 사고에서 표현된 성직자와 평신도 사이의 구별을 보다 분명히 하기 위한 때문일 것이다. 주례 사제석은 주교좌(cathedra)에서 파생되었으며, 마찬가지로 중요한 장소, "앉았을 때 모든 회중을 진실로 관장할 수 있도록" 그 의자는 성단의 중앙이나 정점에 제대 뒤편 회중석을 향해 놓이도록 권장한다. (고정된 요구 조건은 아니다). 옛 성당을 재배열 할 때 제대 뒤편에 놓을 공간이 없다면 강론대 반대편에 놓을 수도 있다. 중요한 것은 사제석이 회중을 관장하고 인도할 수 있는 위치에 놓여야 한다는 것이다.[25] 그렇지만

주 23) Lumen Gentium, 26.

주 24) 안티오키아의 성 이냐시오,
Phil. 4 Tral. 2, Smyr.8.

그림 17. 현대의 주교좌

그림 18. 사제석과 복사석 (로마 베르나르도성당 20C)

그림 19. 사제석(로마 성 그레고리오 바르바리고 성당, 20C)

주 25) 미사 경본 총지침 271

사제석은 옥좌의 형태를 피해야 한다. 왜냐하면 교구를 통치하는 것은 오로지 주교이지 사제가 아니기 때문이다. 사제석은 그가 봉사하는 것이지 통치하지 않음을 말할 수 있어야 한다.

주례 사제석 양편에는 복사석이 놓이는데 보통 보다 작고 팔걸이가 없는 의자가 봉사에 좋다. 그 밖의 봉사자석은 그러한 기능에 맞도록 편리한 위치에 놓는다.

독경대 (Ambo)

의미와 역사

주 26) Sacrosanctum Concilium, 56.

주 27) Eucharisticum Mysterium, 9.

주 28) 미사 경본 총 지침, 35

복음의 선포로 절정에 달하는 말씀의 전례는 미사의 종합적이고 필수적인 부분이다. 말씀의 전례와 성찬의 전례는 서로 매우 밀접하게 연결되어 있어 오직 하나의 경신 행위를 이룬다.[26] 말씀 속에서 우리는 그리스도 현존의 뚜렷한 선포를 발견한다. "왜냐하면 성서가 교회에서 봉독될 때 말하는 것은 바로 주님이기 때문이다."[27] 복음을 선포하는 것은 말씀 속에 현존하는 그리스도 자신이기 때문에 복음과 설교는 신품을 받은 사제와 부제에게만 위임된 것이다. 복음을 낭독하는 것은 최고의 존경으로 행하여야 한다. 특별한 존경으로 낭독되는 다른 것과 구별되며, 특정 사제가 그것을 선포하도록 지명되고 기도와 축복으로 스스로 준비토록 한다. 서서 그 낭독을 듣고 환호함으로써 그리스도가 현존하여 그들에게 말하고 있음을 인식한다.[28]

독경대는 4세기부터 중요한 의미와 자리를 차지한다. 그 본래의 상징은 빈 무덤으로서 온 세상에 부활의 복음을 외치며 노래하는 곳이었다. 그래서 그 형태는 조금 높은 동산의 모양을 따기도 하고 부활의 첫 증인이었던 막달라 여자 마리아, 베드로와 요한 등의 부조를 새겨 측면을 장식하기도 하였으며, 그 곁에는 부활하신 그리스도의 상징인 훌륭한 부활 촛대를 세우기도 하였다.[29]

주 29) 장익, "성당 내부(뜻과 쓸모와 아름다움을 찾아서)", 『우리와 함께 머무소서』, 천주교서울대교구 혜화동 교회, 1996, P.65

역사적으로 독경대는 부제(副祭)의 전례적 자리였다. 그것은 부제가 빈 무덤의 사자(使者)로서 제단과 회중석 사이를 오가며 부활의 소식을 알리면서 둘을 하나로 이어주는 역할을 하는 곳이었다. 아무나 하는 것이 아니라 독서직의 안수를 받은 자만이 부활을 선포하고 예언자의 말씀을 전하였다. 또 말씀의 선포에 화답하여 송시직자(頌詩職者)를 선창으로 단하 층계에 자리한 소성가대가 이른바 층계송과 알렐루야를 회중과 어우러져 노래하였던 것이다.

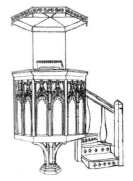

그림 20. 독경대

성서봉독에 이어 주교는 강론을 하였다. 주교는 그의 주교좌나 제대 아래에 있는 등받이 없는 접이 의자에서 가르쳤다. 교회가 커짐에 따라, 특히 콘스탄티누스의 해방이후 들어올려진 플랫폼 또는 독경대가 사용되었다. 구약(느헤 8,3 ; 에스 9,42)에서의 형태를 참조하였으며, 분명 유대교의 시나고그에서부터 비롯되었다. 나무나 돌로 만들어지고 전형적으로 장식되었는데 점차 커지고 더욱 화려해졌다.

그림 21. 독경대(17C)

한 개의 독경대가 있는 교회도 있었지만 일반적으로 두 개의 독경대-복음서 독경대와 서간경 독경대-가 있었다. 복음서 독경대는 보통 봉독자만이 아니라 양쪽에 촛대를 지지하는 두 사람이 설 수 있도록 크며, 서간경 독경대는 서간을 영창하는 상단(上壇)과 강연을 하기 위한 하단(下壇)으로 나누어진다. 독경대는 성경 봉독의 영창을 위해 8세기에서 10세기까지 널리 사용되었으나 13세기에는 사용치 않게 되었다.

문화가 바뀌고 비잔틴의 영향으로 말미암아 중세의 성경 봉독 영창은 차츰 독경대(ambo)대신에 설교대(pulpit)에서 행해졌다. 12세기에 처음 등장한 설교대는 내진 아치의 기둥으로부터 돌출 되어 나오거나 난간에 의해 둘러싸인 간단한 플랫폼이었다. 독경대

그림 22. 설교대(pulpit)

와 같이 설교대도 점차 커지고 높아져 더욱 장식적이고 탁월한 것이 되었다. 15-16세기의 설교대 상부에는 가끔 캐노피가 드리워졌다. 오늘날 설교대는 큰 교회를 제외하고는 거의 사용하지 않는다. 반면 독경대는 제2차 바티칸 공의회 이후 서서히 부활되고 있다.

위치와 형태

독경대는 흔히 편의상, 사제석 가까이 세워지기 쉽다. 그러나 그 의미나 기능으로 보아서는 오히려 돋보이게 따로 있고 회중 가까이, 심지어 회중 가운데 세우는 것도 공간구조에 따라 고려해 볼 수 있다.

전례헌장은 "전례행사에서 가장 중요한 거룩한 성경에 대한 감미롭고 생생한 사랑"을 조장하고 있다.[30] 이어서 계시 헌장은 "특별히 거룩한 전례에서" 성경의 위치를 재강조하고 있다. 미사 경본 총 지침에서 "주님 말씀의 권위는 교회가 말씀의 전례시 회중들의 주의를 쉽게 집중시킬 수 있는, 그의 메시지를 전달하는 데 합당한 장소를 요구하고 있다. 그러므로 독경대는 단순히 움직일 수 있는 스탠드가 아니라 고정되어야 하며, 사제가 쉽게 보일 수 있고 신자들이 쉽게 들을 수 있는 위치에 놓여야 한다. 임시의 일시적인 독경대는 적절하지 않다. 몇몇 사제를 수용할 수 있을 만큼 충분한 크기에, 필요하다면 조명과 마이크 설비가 갖추어져야 한다. 독경대는 이름 그대로 성경 말씀을 봉독하는 데에만 주로 쓰여져야 하기 때문에, 쓰지 않을 때에는 성서를 그 위에 펼쳐 모셔둠으로써 그 뜻과 품격을 드러내 보이는 것이 좋을 것이다.

주 30) Sacrosanctum Concilium, 24.

해설대 (Lectern)

말씀의 전례가 선포를 위한 분리된 특별한 장소를 요구하고 있으므로 비전례적인 발표나 안내는 분리된 해설대(lectern)를 갖는 것이 적절하다. 3개의 분리된 장소 – 복음과 강론을 위한 성서 봉독대와 다른 독서, 응답송, 신자들의 기도를 위한 또 하나의 성서 봉독대, 그리고 기타 비전례적인 용도의 해설대(lectern) – 가 필요한가는 전적으로 예절적인 문제이다. 성서 봉독대(ambo)와 해설대(lectern)는 반드시 따로 필요하다.[31] 왜냐하면 해설자, 선창자, 성가대 지휘자가 성서 봉독대를 사용하는 것이 적절치 않기 때문이다. 해설대는 분명히 보다 작고 탁월하지 않지만 전례적인 비품과 잘 조화되게 배열하여야 한다.

원래 해설대란 전례에 있어 라틴어 전용에서 각국 현대어 사용으로 넘어가는 전례쇄신 과정에서 신자들의 더 깊은 이해와 능동적 참여를 돕기위해 임시방편으로 도입되기 시작했던 것이다. 없는 것이 더 이상적이다.

성찬란 (Communion Rail)

역사와 형태

제대 난간은 제2차 바티칸 공의회 이후 사라졌다. 많은 아름다운 대리석 난간이 거의 예외없이 급작스레 제거되었다. 당시의 정서는 제대 난간이 그리스도의 분리된 몸을 표현하는 성직(聖職)의 도상(icon)이며 주님의 식탁 주위로 신자들이 모이는 것을 방해하는 것으로 보았다. 그리고 제대와 신자석 사이의 거리를 단축하는 것도 또 다른 이유였다.

주 31) 미사 경본 총지침, 272.

주 32) 성단과 성가대석(choir)으로부터 회중석을 분리하기 위해 난간 벽을 사용하기 시작한 것은 최소한 4세기부터이다. 동방교회에서는 초기 바실리카의 칸첼리(cancelli)에서 비잔틴의 성장(聖障, iconostasis)으로 발전하였다. 서방 교회에서도 12세기에는 칸첼리와 같은 유사한 배열이 있었는데 일반적으로 제대가 회중석을 향해 개방되었으며, 일종의 '교회 속의 교회'를 이루었다. 양형 영성체는 선 채로 하였다. 13세기에 무릎 꿇는 행위가 성찬식에서 공통된 자세가 되었으며, 그리하여 15~16세기에 와서는 칸첼리가 성찬란(communion rail)으로 발전하였다.

그러나 전례 헌장에 요약된 5개의 기준으로 그것이 정당하게 제거되었는가를 검토해 볼 필요가 있다. 왜냐하면 그것은 고대로부터 건축적인 고안으로 발전해왔기 때문이다.[32]

전례적 의미와 문제

그림 23. 성찬란(롱상성당)

그림 24. 성찬란(예수그리스도성당)

제대 난간은 전례적인 요구사항이 아님은 분명하다. 그러나 일반적으로 신자들은 성찬란에서 그리스도의 몸을 받아 모시면서 제대에서 받아 모신 것으로 인식한다. 그리하여 성찬란은 제대의 연장이라고 생각되었기 때문에 제대와 다소 비슷하게 (재료, 양식, 장식 등) 만드는 것이 이상적이었다. 그런데 이제는 성찬란이 사라졌기 때문에 제대로부터 성체를 받아 모신다는 사고가 없어진 셈이다. 성찬란을 대신할 상징적인 건축적 고안도 없기 때문에 그러한 사고의 의식이 약해질 수밖에 없다.

성찬란에서 성체를 영하는 것은 또한 무릎 꿇는 자세를 쉽게 하며, 보다 사려 깊게 거룩한 성체를 모시는 기회를 갖게 한다. 또한 성찬란은 불과 몇 초만이라도 생각을 멈추고, 십자가상 앞에서 성찬의 거룩한 신비를 묵상하는 기회를 제공한다.

사목적인 문제

미사에서 교회는 "주님, 저는 당신을 받아 모시기 합당치 않사오나……"라고 말한다. 오늘날의 성단과 회중석의 친밀한 배열에서와 같이 '신성한 거리' 또는 '신성한 분리'의 느낌이 주어지지 않을 때, 회중은 쉽게 안락한 영역을 창조할 것이다. 성직자와 건축가는 '두렵고 떨리는 매혹적 신비'[33] 에 대한 인간의 반응을 충분히 존중해야 한다. 왜냐하면 그것은 신성함을 요구하고 수월한 안락함으로부터 우리를 지키는 사랑 −경외−의 반응이기 때문이다.

주 33) Rudolf Otto(길희성 역), Das Heilige, 분도 출판사 1987참조

성찬란은 노약자가 쉽게 무릎 꿇을 수 있도록 깊은 한 단 위에 높이 약 70㎝, 넓이 약 15~30㎝로 설치되며, 단에는 쿠션, 가죽, 고무 등을 대는 것이 바람직하다. 그리고 다른 전례 가구와의 조화를 위해 성찬란은 재료, 형태가 제대와 다소 통합되어야 하며, 그리하여 제대로부터 성체를 받아 모신다는 사고를 미묘하게 보강할 수 있다.

제의실 (Sacristy)

제의실(제구실)은 전례에 필요한 모든 제구, 기물, 제의 등을 보관함과 동시에 사제가 제의를 입고 준비하는 장소이다. 제의실의 요구조건은 무엇보다 기능의 충족이며 어떠한 전례적인 법칙은 존재하지 않는다. 그러나 전례의 집전을 준비하는 장소인 만큼, 존경과 조용함을 도모할 수 있도록 정렬되어야 한다. 어떠한 관점에서도 제의실은 신성한 장소는 아니다. 따라서 축성되거나 축복되지 않는다.

제의실은 가능한 큰 것이 좋다. 하나의 큰 공간을 확보하기가 어려우면 두세 개의 인접한 방 – 사제 전용 제의실과 제구실, 그리고 복사나 성가대 봉사자를 위한 방 등 – 으로 나누어도 좋다. 밝고, 난방·환기·위생 설비를 갖추어야 하며 출입문은 주교관을 쓴 주교나 행렬 십자가가 쉽게 드나들 수 있도록 충분히 커야 한다.

제의실의 위치는 성단에의 접근이 용이해야 하고, 사제관이나 외부에서의 접근 또는 회중석에서의 접근이 성단을 통하지 않고 이루어져야 한다. 제의실과 제구실이 구분될 경우 사제 전용 제의실은 입구에 두는 편이 좋다. 왜냐하면 오늘날 대부분의 성당에서와 같이 사제가 성단 바로 옆의 제의실로부터 순식간에 입당하는 것보다는 입구로부터 회중석을 거쳐 장엄한 행렬을 이루어 입당하는 것이 더 좋은 분위기를 만들어 주기 때문이다.

성체보존의 장소

현존신학(現存神學)과 성체 보존

성체성사에 대한 제 2차 바티칸 공의회의 표현들은 다음과 같이 매우 다양하고 의미가 깊다. 성체성사는 "그리스도교 생활 전체의 원천인 정점"(*Lumen Gentium*. 11), "교회 생활의 원천"(*Unitatis Redintegratio*. 15), "그리스도는 공동체의 원천과 중심"(*Presbyterorum Ordinis*. 6), "선교 활동 전체의 원천과 정점"(*Presbyterorum Ordinis*. 5), "그리스도 공동체의 전생명의 중심과 정점"(*Christus Dominus*. 30), "성체 안에 교회의 영적 전 재산이 내포되어 있다"(*Presbyterorum Ordinis*. 5)

이런 점으로 보아 성체야말로 그리스도교의 목적이요 완성이다. 그러나 성체에 관한 서로 다른 의견은 초기부터 있어왔고 특히 프로테스탄트측이 성체에 대해서 이견을 내놓은 후부터 이에 대한 연구가 더 활발해졌다. 종교개혁자들은 성체 성사가 희생이 아니라는 점에서 서로 일치되지만(이것은 성체는 제사라는 가톨릭의 교의에 근본적으로 어긋난다.) 그리스도 현존에 대해서는 서로의 의견이 다르다.[1]

가톨릭은 종교개혁 1천년 전부터 이 문제에 대해 확신을 가져왔으나 신학적 해석이 정리 규정되기 시작한 것은 아리스토텔레스(Aristoteles, BC 384-322)의 저술이 전해진 12세기 말 이후이다.[2] 제2차 라테란 공의회(1215년)에서 최초로 언급된 실체 변화는 트리엔트 공의회 (1515년)에서 교의로 선포되었는데, 이는 아리스토텔레스적 스콜라 학파의 유(有)의 개념을 성체론에 적용시킨 것이다. 미사 중에 사제의 축성에 의해 빵과 포도주의 형상은 그대로 남아 있으나 빵의 온전한 실체가 그리스도의 몸으로, 포도주의 온전한 실체가 그리스도의 피로 그 실존 양식이 변화됨으로 인해 그

주 1) 루터(Luther)는 그리스도 현존을 부정하지는 않았으나 가톨릭의 실체 변화설을 배척하였고 독자적인 현존론을 역설했다. 즉 그리스도의 몸은 장소적인 제약을 받지 않기 때문에 빵의 실체는 그대로 있고, 빵과 더불어 빵과 같이 빵 안에 실체적으로 현존할 수 있다는 것이다. 이 학설에 정면으로 반대한 쯔빈글리(Zwingli)는 성체가 그리스도를 표현하는 상징에 불과하다고 주장하여 루터와 결별하였다. 이에 대해 칼빈(Calvin)은 제 2의 성체 현존론을 제기하였는데 우리가 성체를 받아 모실 때 그리스도의 몸 그 자체가 아니라 신비적으로 그리스도의 몸의 영적 실체(성령)가 주어진다는 것이다.

주 2) 성체 성사를 아리스토텔레스의 질료(matter)와 형상(form)론으로 해설하고자 한 것은 4세기 그리스의 교부 St. Gregorius of Nyssa (330-395년) 에 의해 처음 시도된 바 있으나 성체의 변화를 존재론적으로 해석하려는 시도는 Lanfranc de Bec을 비롯한 11세기의 일부 신학자들에 의해 이루어졌는데 그 성과가 베랑가리오의 맹약(Jusjurandum Berengarius)에 잘 반영되었고, 제4차 라테란 공의회 (1215년)에 의해 승인되었다(Joseph Huby, 강성위 역「CHRISTUS (가톨릭 사상사), 성 바오로 출판사, 1982,p.103 및 「한국 가톨릭 대사전」, p.747)

리스도는 빵과 포도주의 외적인 형상(species) 속에 실제로, 본질적으로 현존하게 된다. 이런 종류의 현존을 실재적 현존(praesentia realis)으로 부르게 되었는데, 공의회의 실체 변화에 대한 강조는 한편으로는 그리스도 현존의 다른 표현이 경시된 결과를 가져왔다. 이때부터 성체를 모신 감실은 서서히 미사 밖에서의 개인적, 공동적인 기도의 핵심이 되었고, 성당 내의 가장 탁월한 곳, 초점이 되는 곳, 즉 제대(altar)위에 자리잡게 되었으며 때로는 제대를 압도하기도 하였다.

미사 후에 성체를 성당 내의 감실에 모셔두는 것은 첫째, 노자(路資)성체(viaticum)[3]를 주기 위함이며, 둘째, 미사 외에도 영성체를 시켜주며, 그리고 형상 속에 계신 주 예수 그리스도를 조배하기 위함이다. 이 조배는 확고 부동한 이유 때문에 생긴 것이며, 특히 주의 실재적 현존을 믿는 신앙이 그 신앙을 외적으로 표현하기에 이르게 된 것은 너무나 자연스러운 일이기 때문이다.[4] "성체는 우리의 죄 때문에 처형당하시고 전능하신 천주께서 다시 살리신 구세주 예수 그리스도 그 자신"[5]이라는 사도시대의 가르침에 따라 성체 신비 공경에 관한 훈령(Eucharisticum Mysterium)은 다음과 같이 가르친다. "결국 이 성사 안에서 신인(神人) 그리스도는 온전히, 전체적으로, 특별한 방법으로, 본체로서, 영구히 현존하신다. 형상 안에서의 그리스도의 이러한 현존을 실재라고 하는 것은 다른 방법의 현존들이 실재가 아니라는 뜻이 아니고 이 실재가 보다 탁월하다는 것이다.[6] 그러므로 성체를 보존하는 장소는 교회(本堂과 개인)의 영적 생활의 중심이 된다.

감실의 역사

법 규정에 따르면 성당이나 소성당(채플)에는 단 한 곳의 감실을 둘 수 있다. 이것은 파괴할 수 없을 정도로 견고하고, 내화적이며, 불투명하고, 신성해야 한다. 그리고 그 앞에 항상 그리스도의

주 3) 죽음의 위험에 처한 신자에게 마지막으로 영해 주는 성체 viaticum이라는 라틴어의 어원은 '긴 여행을 위한 준비.'

주 4) 예부성성 : Eucharisticum Mysterium (성체 신비 공경에 관한 예부성성 훈령), 1967, 49

주 5) Smyr, 7

주 6) Eucharisticum Mysterium, 9.

현존을 알리고 주께 대한 존경의 표시로 작은 램프(성체등)를 켜 놓는다. 감실의 위치에 대한 규정은 덜 명확하며 여러 해석의 여지를 두고 있다.

역사적으로 성체는 성당 내가 아니지만, 여러 가지 이유로 보존하였다. 성체는 허약자나 병자, 박해시대의 비밀 분배를 위해 보존되었으며, 성찬식이 불가능 할 때에는 따로 개인 집에 보존되기도 하였다. 후에 교회가 확립된 이후 16세기까지 나라와 시대의 변천에 따라 여러 형태의 성체보존이 있었다. 12세기까지는 일반적으로 사크라리움(Sacrarium)이라 부르는 성당 내 성단(sanctuary) 곁의 방의 벽장 속에 보존되었다. 제대 근처 성단의 벽에 부착된 벽장(aumbry)이 독일, 스페인, 이탈리아 일부 지방에서 공통적으로 사용되었다. 10세기 이후, 아마 조금 더 일찍부터 성체는 제대 위의 천개(天蓋)에 달아 놓기도 하였다. 그 용기는 형태와 이름이 다양하였는데, 예수 세례 때 그의 머리 위에 내려온 성령을 회상하기 위해 비둘기 모양으로 된 것을 '도브(dove)'라 불렀고 기타 픽스(pyx), 카스켓(casket) 등이 있었다. 14세기부터 독일과 네델란드 지방에서는 크고 정교하게 장식된 탑 형태의 장식 구조물인 '성체의 집'이 성당 안에 세워졌다. 어떤 것에는 공경을 위해 투명한 용기 안에 보존되었으며, 때때로 축성된 성체가 임시로 제대 위에 보존되거나 이동할 수 있는 감실 즉, 성합(pyx)에 보존되기도 하였다. 9세기 전까지 제대 위에 고정된 감실을 두었다는 아무런 증거도 없다.[7]

12세기말부터 감실이 보편적으로 제정되는 19세기까지 서서히 탁월함을 얻으며 사용되기 시작하였다. 타브나클(tabernacle)이라는 단어는 언약궤를 모신 텐트와 같은 구조물을 상기하기 위해 'tent'라는 뜻의 라틴어 *tabernaculum*에서 나왔는데 중세에는 감실 이외에도 여러 가지를 지칭하는데 쓰였다.[8] 1215년 제4차 라테란 공의회부터 교황 인노첸시오 3세(Innocentius III)와 그의 후계자 호노리오 3세(Honorius III)는 모든 교회 내의 견고하게 만들어 안

그림 1. 메달린 감실

주 7) O'CONNELL, J : Church Building and Furnishing, London and Oates, 1955, pp. 165-166

주 8) 예를 들면, 천개에 의해 덮인 제단, 성체 현시대, 성물함, 성체탑, 중세 제단의 한 유형, 성인상을 안치하는 캐노피 달린 니치등(ibid., p.167)

전하게 잠글 수 있는 곳에 성체를 보존하게 하였다. 400년 후 1614년의 로마 예식서(*Rituale Romanum*)는 감실의 사용을 명령하고, 1863년 예부성성은 성체 보존의 다른 모든 방식의 사용을 금지하여 하나의 방식으로 통일하였다.

그림 2. 제대위의 감실

감실의 사용이 아직 보편화되지는 않았지만 최소한 13세기 이후부터는 제대 위에 감실을 두는 것이 가장 적당하다고 생각되어졌다. 종교개혁 후 밀라노의 보로메오(St. Carlo Borromeo)는 그의 교구 내 모든 교회는 대제대(high alter)에 감실을 놓도록 명령하였다. 제대와 성체 보존과의 제휴는 주로 제대 위에 매달린 성합(pyx)에 의해 최소한 11세기부터 널리 받아들여졌다. 이것은 제대 뒤편의 조각적인 리어도스(reredos, 장식 병풍)의 발전으로 더욱 연합하게 되는데 15세기 후반부터 감실은 리어도스의 중요한 부분이 되었다. 때때로 그것은 과도하게 장식된 큰 제대에 맞추어 정교한 구조가 되기도 하였고, 때로는 그것이 삽입된 거대한 구조물 속의 작은 단순한 공간이기도 하였다. 성체 공경과 베네딕도회가 17세기에서 19세기 사이에 넓게 퍼지면서 제대는 봉헌의 장소보다는 "성체의 집"이 되었다. 따라서 감실은 더욱 커지고 정교하게 장식되어 제대를 압도하면서 교회의 초점이 되었다.

감실의 위치에 관한 검토

제2차 바티칸 공의회 이후 일반 신자들의 미사에의 적극적인 참여를 위해 제대가 옮겨진 후 자연히 감실은 제대로부터 분리하게 되었다. 정확히 말해서 감실은 제대, 그 자체 – *mensa* – 가 아니라 제대 뒤편 선반(gradine)이나 장식 병풍(reredos)에 설치되었다. 그러므로 중세초기의 매달린 성합(pyx)과 비슷한 위치 관계에 놓이게 된 셈이다. 감실의 위치가 제대를 압도하기도 하였으나 그 근접성은 감실과 제대 사이의 밀접한 관계를 반영하였으므로 많이 선호되어 왔다. 감실 위치에 관한 모든 문헌상의 언급 – "참으로 탁월한 장소", "고상하게 장식된 장소" – 을 염두에 두면서 다음과 같은 세 가지의 장소를 검토해 볼 수 있다.

제대 위의 감실

중세 이후 오랫동안 선호되어 온 제대 위의 감실은 허용될 수 있으나 최적의 장소는 아니며, 또한 상징적인 면에 있어서도 당위성이 약하다. "성체 신비 공경에 관한 예부성성 훈령(*Eucharisticum Mysterium*)" 제55절에는 미사 중 감실의 위치에 대한 문제점에 관해 다음과 같이 제안하고 있다.

"그리스도께서 당신 교회에 현존하시는 여러 가지 중요한 양상이 미사 집전에서 점차로 나타나는 것이다. ···· 그러므로 외적 표시라는 점에서는 성체성사로서의 그리스도의 현존은 축성의 열매이며 그리스도 자신의 현시일 수밖에 없으므로, 가능하다면 미사 집전 시초부터 이미 그 제대 감실에 성체가 안치되어 있지 않는 편이 오히려 성체 집전의 성질상 더 적합할 것이다."[9]

주 9) Eucharisticum Mysterium, 55

위의 글에서 감실은 제대 위에 속하지 않는다는 것이 명백하다. 이것은 성단(sanctuary)에 감실을 두어서는 안된다는 뜻은 아니지만 성체 보존을 위해서 분리된 공간 – 성찬 채플(eucharistic chapel) – 이 필요하다는 것을 강하게 암시하고 있다.

성단 내의 감실

공의회 이후 보편적으로 채택되는 제대 가까이 성단 내에 감실을 두는 것에 대해서는 여러 가지 논쟁이 있을 수 있다.

첫째, 성체 축성(celebration)과 성체 보존(reservation), 즉 같은

실재의 동적인 양상과 정적인 양상 사이에 일어날지 모를 혼돈과 경쟁을 피하기 위해서 분리해야 한다는 것이다. 흥미롭게도 성체 거행과 성체 형상을 논할 때 똑같은 "교회의 핵심으로서 성체 (Eucharist)"라는 동일한 용어를 사용한다. "성체 거행(the celebration of Eucharist)이야 말로 크리스챤 생활의 중심"[10] 이며, "성체는 수도 공동체와 본당 공동체의 영적 중심으로서, 또한 보편 교회와 전 인류 공동체의 영적 중심으로서도 성당과 기도소 안에 보존되어 있다."[11] 교황 바오로 6세는 감실을 "우리 교회의 살아있 는 심장"이라고 불렀다. 그러므로 이 둘은 같은 것의 두 가지 양상 이기 때문에 둘 다 중심이며 어떠한 구별이 있을 수 없는 하나인 동시에 희생 성사(Sacrifice-Sacrament)요 친교성사(Communion-Sacrament)요 현존성사(Presence-Sacrament)인 것이다 따라서 둘 사이에 경쟁이 있을 수 없다.

주 10) ibid., 6

주 11) Mysterium Fidei, 68

그러나 미사 중 성체 안에 계시는 그리스도께 주의를 집중시키 게 된다면, 지금 당장 성부께 예배 드리는 분은 회중 안에 진실로 현존하시는 그리스도 자신이라는 중대한 사실을 망각하게 될 수도 있다. 미사의 이 거룩한 순간에 있어서 우리는 성부께서 오늘 예배 를 드리도록 불러모으신 이 집회 안에 현존하시는 그리스도께로 신자들이 집중되기를 원하는 것이다. 그러므로 미사 중 제대 보다 감실에 주의가 집중된다면, 이러한 혼란을 피하기 위해 성단으로 부터 감실을 옮기는 것이 정당한 이유가 될 수 있다. 어쨌든 축성 과 공경 사이에는 뚜렷한 차이가 있으며, 사실 성체 현시 앞에서의 미사 거행은 전례적으로 허용될 수도 없다.[12]

주 12) Eucharisticum Mysterium, 61

둘째, 성체 거행은 공적인 일이지만 성체 흠숭은 개인적으로 드 리는 것이므로 감실은 성단의 공적인 성격과 충돌을 피하기 위해 채플에 두는 것이 타당하다는 것이다. 그러나 감실에 대한 흠숭이 꼭 개인적인 기도라기보다는 공공적인 행위로 보는 것이 옳다. 성 체 흠숭은 성체 거행과 확실히 결부되어 있으며 그 관계는 부정할 수 없다. 따라서 감실은 제대와 깊은 연관을 가졌을 뿐만 아니라 공공행위의 성상(icon)이다.

셋째, 제대는 전례의 중심이고 진정한 성상(icon)이며 성단은 제대를 두기 위해 만들어졌기 때문에 성단 안에서는 다른 어떤 것도 그것을 방해할 수 없다는 것이다. 사실 그리스도의 성상으로서 제대의 중요성이 많이 상실된 것이 사실이다. 제대는 역사적으로 존경되어 왔다. 초기 교회에서는 사제들만이 오직 최상의 흠숭으로 제대에 가까이 갈 수 있었다. 중세를 통해 장식 병풍(reredos)의 출현으로 제대에 대한 공경이 줄어들면서 대중적인 공동 경건으로 되었다.

그림 3. 성단 내 감실(독일 뒤셀도르프 성 빅토성당, 1984)

그림 4.. 성단 내 감실(독일 렙샤이트 성신성당, 1968)

이 논쟁도 여러 가지 질문을 유도한다. 먼저 감실이 정말 제대와 경쟁하는가? 감실이 제대와 떨어져 성체 조배실에 안치되고 매일 미사가 그곳에서 봉헌된다면 똑같은 문제가 발생한다. 더욱 중요한 질문은 제대가 정말 감실에 모셔진 성체보다 더 중요한가이다. 제대는 그리스도의 상징이다. 그러나 감실은 그리스도 그 자신인 성체를 모시고 있다. 성체는 성상(icon)도 조상(彫像, figure)도 아니며 빵과 포도주의 형상 안에 실재적으로 현존하는 그리스도의 몸과 피다. 그리스도의 형상으로서 제대를 아무리 높게 평가하더라도 그의 몸의 지극히 거룩한 선물보다는 아래임이 틀림없다. 그러므로 감실을 성단에서 옮기는 것보다 캐노피 등의 다른 장식물로서 감실과 제대에 합당한 탁월성과 존경을 줄 수도 있을 것이다. 제대가 성단의 중앙에 위치하면 자연히 전례의 중심이 된다. 그리고 감실이 멋진 니치(niche)나 이디큘러(aedicular) 같은 구조 안에 있으면 저절로 평온한 상태가 될 수 있을 것이다.

분리된 채플 – 성체 조배실 (Eucharist chapel)

감실은 제대나 성단보다 분리된 채플(chapel)에 두어야 이상적이라는 주장에는 다음과 같은 이유가 있다.

첫째, 삼위일체와 미사의 관계에서 볼 때 미사 중 신자들의 주의가 성체께로 끌리게 되는 위치에 감실을 두지 말아야 된다는 것이다. 미사 경본을 살펴보면 신자들이 미사 중에 드리는 경신례는 성자를 통해 성부께로 향하는 것이지 직접 성자께 드리는 것이 아님이 명백히 드러난다. 본 기도나, 봉헌 기도나, 영성체 후 기도를 검토해 보기로 하자. 그 기도들이 하느님께 대한 것이거나 주께 대한 것이거나 간에, "천주 성자, 우리 주 예수 그리스도의 이름으로"라는 말로 끝맺는 것이라면 이 기도들은 모두 성부께 바쳐지는 것이라 할 수 있다. 감사송과 전문(典文)에 있어서도 마찬가지이다. 전문의 시작을 보면 "지극히 어지신 성부여, 성자 우리 주 예수 그리스도의 이름으로 겸손히 청하노니……"라는 말이 있고, 또 전문의 모든 기도는 "우리 주 예수 그리스도의 이름으로……"라는 말로 끝난다. "그리스도를 통하여, 그리스도와 함께, 그리스도 안에서…… 온갖 영예와 영광을……" 이라는 말은 성부께 대한 기도이다. 때문에 미사 전체를 통해서 성자께 바쳐지는 기도는 매우 드문 것을 알 수 있다. 미사의 기도들이 우리의 주의를 성자를 통해서 성부께로 향하게 하는 때에는 그 기도들은 곧 성서에 계시되어 있는 하느님의 삼위일체를 강조하는 셈이 된다.[13]

그림 5. 무티에성당 평면도(평일미사가 열리는 측설경당C에 감실이 놓여있다)

주 13) 한국 천주교 중앙 협의회: 「司牧」 8호, p, 65

그런데 만일 감실이 미사 중에 중앙 제대 뒤에나 혹은 근처에라도 있게 되면 신자들의 주의는 미사 거행 자체에 있어서 주 예수를 통해서 성부께로 향하는 대신에 감실 안에 계시는 성체께로 바로 향하게 될 우려가 있다.

둘째, 성당 내에 세속적인 동선이 빈번한 경우 중앙에서 분리된 장소가 성체 보존에 적합하다. 역사적이고 예술적인 보물 때문에 방문객이 많은 대성당이나 군중이 자주 모이고 계속 미사가 봉헌되는 순례 성당, 그리고 결혼이나 장례가 자주 있는 도시 성당 등에서 특히 요구되는 사항이다.

이러한 이유 때문에 감실이 성단에서 떨어져야 한다면 다음과 같은 사항이 꼭 고려되어야 한다.

첫째 적합성의 고려이다. "성체 신비 공경에 관한 훈령 (*Eucharisticum Mysterium*, 1967)"은 다음과 같이 요구하고 있다.

"성체는 파괴할 수 없을 정도로 견고한 감실 속에 보존되어 중앙 제단이나 또는 참으로 훌륭한 작은 제단 중앙에 안치되어야 하며, 합법적 관습과 그곳 주교가 인가하는 특수한 경우에는 그 성당의 아주 고상하고 잘 장식된 다른 장소에 안치할 수도 있다."[14]

주 14) Eucharisticum Mysterium, 61.

둘째, 감실이 제공하는 방향성의 고려이다. 감실은 가톨리시즘의 성상(icon)이라 할 수 있다. 신자들은 감실 앞의 낯익은 빨간 등을 보고 즉각 가톨릭 성당에 와 있음을 안다. 반대로 감실이 뚜렷하지 않으면 불안함을 느낄 것이다. 감실은 전례에 들어가는 방향성을 준다. 성당에 들어갈 때 속(俗)에서 성(聖)으로 들어가는 것을 준비하는 일련의 오래 된 의식이 있다. 성수로 성호를 긋고, 감실 앞을 지날 때는 깊은 절을 함으로써 주님이 그 안에 계심을 인정한다. 미사가 시작되기 전 신자는 무릎을 꿇고 기도한다. 신성한 예배에 들어가기 위해 스스로 준비하는 것은 인간적인 요구이다. 그리고 감실에 대한 존경의 표시는 가톨릭에 있어 이러한 과정의 한 부분이다. 그러므로 신자가 기대했던 그곳에 감실이 없다면 "주인"이 있다는 어떠한 표시도 없는 하느님의 집에서 편안함을 느끼기가 힘들며 세상을 뒤로하고 거룩한 전례에 들어가기가 어렵다. 이것은 인간적인, 그러므로 사목적인 방향성에 대한 고려이다.

분리된 채플의 계획 지침

제2차 바티칸 공의회에 의해 이행된 전례 쇄신의 요구를 만족시키기 위해서 기존 교회는 재 정열 되었고 새로운 건물을 위한 지침이 만들어졌다. 이러한 과정에서 성직자와 건축가가 당면한 가장

그림 6. 분리된 성찬채플(영국 크리프톤 대성당,1973)

당혹스런 문제는 감실의 위치 문제였다. 공의회 문헌을 비롯한 몇 몇 문헌에서 이 문제에 대해 언급하고 있으나 명확하지 않으며 전례학자와 교구 위원회의 해석도 상반되거나 모호한 점이 없지 않다.

성체 공경의 개인적인, 그리고 공공적인 측면을 모두 고려할 때 성단에 가까운 분리된 채플이 가장 바람직하다. 분리된 채플에 감실을 둘 때 고려해야 할 요점은 다음과 같다.

① 성체는 개인적으로도 공공적으로도 그리스도 생활의 참된 중심이다. 반면 제대는 전례의 주된 초점이다. 이러한 사고는 둘 다 표현되고 보호되어야 한다. 감실에의 편리한 접근과 제대와 감실 사이의 관계가 무시되지 않아야 하며 전례의 기능적인 요구가 고려되어야 한다.

② 성체 보존의 장소는 하느님의 영광을 드러내기에 합당한 탁월성이 부여되어야한다. 과도한 장식에 의한 탁월성의 추구는 피해야 한다.

③ 감실은 신자가 교회 내에서 하느님의 현존을 향할 수 있도록 배치하여야 한다.

④ 성체 채플은 성체 공경에 대한 개인적 · 공공적 요구에 적합한 크기와 위치로 정렬되어야 한다.

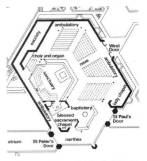

그림 7. 크리프톤 대성당 평면(입구근처에 분리된 성찬채플이 있다.)

회중석의 구성

오늘날 교회를 묘사하는 데 자주 쓰이는 '도무스 에클레시에 (*domus ecclesiae*)'[1]는 '하느님의 부르심에 의해 함께 모인 하느님 백성의 집'을 의미한다. 그러므로 이 단어가 '하느님의 집'(*domus Dei*)에 상반되거나 대립되는 것으로 보는 것은 잘못된 해석이다. 도무스 데이(*domus Dei*)는 그의 사제를 통해 알려진 먼 신(神)을 함축하는 뜻으로 이해될 수 있다. 따라서 성직(聖職), 구조, 전례 형식 등을 말한다. 반면, 도무스 엘클레시에(*domus ecclesiae*)는 함께 모이는 백성을 강조함으로써 더 '사회적'이고 '공동체'를 지향한다. 유사하게 '하느님 백성'(People of God)과 '그리스도의 몸'(Body of Christ) 사이에도 잘못된 구분이 있다. 이러한 문제는 신(*Deus*) 없이는 어떠한 에클레시아도 없다는 사고로 명확히 해결될 수 있다. 교회는 기본적으로 그리스도 백성의 모임이 아니라 먼저 '그리스도 자신의 몸'이다.[2]

두 개의 용어는 서로 대립되는 것이 아니라 한 실체를 표현하는 두 개의 국면으로서 다 유용하다. 에클레시아는 하느님의 부르심에 응답하여 각기 다른 방법으로 역할하는 성직자와 평신도를 결합시킨다. 이 용어는 하나로 모인 완전한 공동체를 표현한다. 따라서 도무스 에클레시에는 그리스도 몸 안에서의 수평적인 관계 – 성직자와 평신도, 수사와 수녀, 큰 교회와 작은 공동체 – 를 말한다. 그리고 '신의 집'을 뜻하는 도무스 데이는 그리스도 몸의 수직적인 관계 – 신과 백성 – 를 말한다. 또한 도무스 데이는 신의 교회 안에 거주하는, 진실로 '신의 집'을 만드는 성체를 상기시킨다. 신의 현존은 오직 표징(sign)[3]에 의해서만 인간에게 알려지기 때문에 '도무스 데이'란 용어는 교회 건물의 신성한 측면과 더불어 성화적(iconic)인 것을 표시하는데 사용될 수 있다.

교회 공동체는 전례에 참여하기 위해 하느님에 의해 모인다. 전례는 교회의 일이요 하느님 계시의 부분이다. 이것이 교회가 위계적인 이유이다. 그 자체가 자발적으로 또 자연히 모이는 것이 아니라 하느님 말씀에 의해서 존재하는 것이다. "전례는 우주적이고 보편적인 차원이다. 공동체는 상호 관계에 의해 공동체가 되는 것이 아니라 이미 존재하는 완전으로부터의 선물로서 그것의 존재를 받아들인다. 그리고 다시 이 완전으로 스스로 되돌려 준다. 이것이 전례가 만들어 질 수 없는 이유이다."[4] 마찬가지로 본당 공동체는 '만들어' 지는 것이 아니라 오로지 성찬의 희생제를 올리라는 하느님의 부르심에 개개인이 응답함으로써 존재하는 것이다.

주 4) Ratzinger, Feast, p.66.

"어떠한 그리스도 공동체도 그것의 기초요 축인 신성한 성찬식을 갖지 않고서는 이룩될 수 없다. 그러므로 공동체를 이루기 위한 어떠한 시도가 시작되어야 한다." 이것이 제대가 전례의 합당한 초점이 되는 이유이다. 그것이 그리스도 현존과 그의 백성 가운데서의 행동의 표징이다. 그러므로 우리는 하느님 백성을 위한 장소를 설계하기 전에 기본적인 공동체는 하느님에 의해 존재하며, 이것으로부터 공동체가 건설된다는 것을 이해해야 한다.

"미사에서 공동체 의식을 북돋아 주어야 한다."[5] 그러므로 건축가는 신자들이 그와 함께 모이도록 부른 하느님이 그들 속에 현존함을 인식하도록 공동체를 위한 장소 의식을 창조해야 한다. 이러한 신자 개개인의 하느님 행위에 대한 인식이 '적극적인 참여' (participatio actuosa) 즉 교회가 간절히 바라는 미사에서의 평신도들의 적극적인 참여의 핵심이다.

주 5) Eucharisticum Mysterium, 18.

불행히도 많은 전례학자들과 건축가들은 제대에의 물리적 근접성이나 특출한 사제, 강연자와 같은 외적인 행위를 '적극적인 참여'와 같은 것으로 생각하고 있다. 전례에의 진실한 참여는 이러한 것과는 사실 아무런 상관이 없다. 그것은 첫째로 내적인 과정이요, 전환이며, 희생제에서의 스스로의 봉헌이다. 교황 비오 12세가 회칙(回勅) '하느님의 중재자' (Meidator Dei)에서 언급한 바와 같이, "거룩한 예배의 주된 요소는 내적인 것이 되어야 한다. 왜냐

주 6) Meidator Dei, 26

하면 우리는 항상 그리스도 안에서 살아야 하며, 그에게 완전히 우리 자신을 바치며, 그럼으로써 그와 함께 그를 통하여 하느님이 정당하게 예배되기 때문이다."[6] 전례 헌장도 이와 유사하게 "신자들이 올바른 마음의 자세로 전례에 참여하고, 자기 소리에 마음을 합하고 천상의 은총을 헛되이 받지 않도록 은총에 협력해야 할 필요가 있다"[7]라고 경고한다. 전례에의 완전한 참여는 이와 같은 내적인 과정을 통해서만 이루어질 수 있다. 신자들은 "주의 수난과 부활, 영광을 기념하여 하느님께 감사를 드리며 사제의 손을 통할 뿐

주 7) 전례 헌장, 11

아니라 오직 그와 하나가 됨으로써 흠 없는 제물을 봉헌하는 것이다. 그리고는 주의 성체를 모심으로써 하느님과의 일치를 실현하며, 나아가서는 이 제사가 목적하는 이들 상호간의 일치를 실현한다. 왜냐하면 "너희는 받아 먹으라"하신 주의 말씀에 순종하며 마땅한 준비를 갖추어 성체를 미사 중에 성사로 받아 영할 때 더욱 완전한 미사 참여가 이루어지기 때문이다."[8] 그러므로 건축의 제일 중요한 문제는 신자들이 방해받지 않고 전례에 전념할 수 있는 장소를 창조하는 것이다.

주 8) Eucharisticum Mysterium, 12

오늘날 교회는 '적극적인 참여'의 문제를 '둥그런 형태의 전례'와 '거실과 같은 교회'로 쉽게 해결하려 한다. 그러나 그러한 해결은 그 핵심에 있어 실패할 가능성이 있다. 필요한 것은 '전환의 건축'이다. 신자들이 잘 기도 할 수 있고, 개개인과 공동체가 하느님의 현존으로 들어 갈 수 있으며, 성체 거행에서 진실한 결합을 찾을 수 있는 장소이다. 그러므로 디자인의 문제는 신자들이 미사 성제에 정신과 육체가 방해받지 않고 들어갈 수 있는 공간을 창조하는 것이다.

회중석 (Nave)

설계 원칙

회중석은 복합적이고 상반되는 요구 조건을 충족해야 한다. 전례의 희생제와 공동체적인 국면, 거룩한 공간에 대한 요구와 가깝고 친밀한 공간의 요구, 성직자·평신도의 구분과 그리스도 몸의 일체성 표현 사이에 미묘한 균형을 이루어야 한다. 이러한 균형의 원칙은『로마 미사 총지침』(*General Instruction on the Roman Missal*)에서 실마리를 찾을 수 있다.

"미사를 위해 모인 하느님의 백성들은 미사 중 행하는 여러 가지 행동과 다른 기능들에서 드러나는 유기적이고 위계적인 구조를 갖고 있다. 그러므로 성당의 형상은 집회의 형태와 구성원들의 다른 기능들을 어떤 방법으로라도 드러내어야 한다. 신자석과 성가대석은 그들의 역할을 쉽게 할 수 있는 곳에 배치하여야 한다.

이러한 공간의 배열이 공동체의 구조와 그 안에서의 다른 기능들을 표현해야 할지라도 그리스도가 하나라는 것을 보여 주는 방법 안에서 모든 이가 함께 모일 수 있도록 해야 한다.

거룩한 전례에 충분하고 적극적인 참여가 가능토록 시청각적인 세심한 고려가 필요하며, 미사 중에 요구되는 다른 여러 자세를 쉽게 취하며, 영성체 하러 나갈 때 어려움이 없도록 좌석이 배열되어야 한다.[9]

주 9) 미사 경본 총지침, 257, 273.

위의 문장으로부터 몇 가지 설계 지침을 발견할 수 있다.

첫째, 집회는 여러 부분들의 체계적인 조직으로서 '유기적'이어야 한다.

둘째, '위계적' 인 구조가 필수적이며, 회중석과 성단의 배열에서 표현되어야 한다.

셋째, 신자석과 회중석은 시청각적으로 양호한 상태에서 (앉을 때뿐만 아니라, 서고, 꿇는 자세에서도) '완전한 참여' 가 가능토록 배열되어야 한다.

넷째, 교회의 진정한 '통일' 을 용이하게 하고 표현해야 한다.

다섯째, 사제의 입당, 영성체나 봉헌, 전례 행렬, 십자가의 길 등 모든 동선이 원활하도록 배열해야 한다. 성지 주일, 축도, 혼배, 장례식도 고려해야 한다.

그러므로 기본적인 작업은 집회의 유기적이고 위계적인 성격을 다 존중하는 합당한 배열에 도달하는 것이다. 긴 장궤틀의 오랜 일렬 배열은 뚜렷한 위계성을 강조하지만 유기적인 성격에 대해선 말하지 않는다. 반대로 '둥그런 극장식' 모델은 다양한 기능으로 정렬된 교회의 복합성을 무시한다.

좌석 배열

미사는 리듬과 강약을 가지며 동적이다. 회중은 일어서서 입당하는 집전 신부를 맞이한다. 그리고 서서 참회 예식을 행하며, 앉아서 독서에 귀를 기울인다. 그리고 다시 일어서서 복음 말씀을 통해 그리스도를 만나며 봉헌을 위해 무릎을 꿇는다. 그러므로 긴 신자석(pew)은 불행히도 전례를 고정적인 것으로 만들어 온 셈이었다. '필요악' 인 신자석은 중세 말에 등장했는데 그 이전에는 장애자와 노약자를 제외하고는 의자 없이 서거나 꿇어앉았다. 13세기에 처음 등받이 없는 벤치가 사용되었다. 16세기까지 벤치는 보다 커지고 고정되었으며, 무릎 꿇는 대와 높은 등받이 그리고 가끔 정

그림 1. 장궤의자(리욜라, 성모 마리아 성당, 20C)

교하게 조각된 패널로 장식되었다.

최근의 재배열로 유럽의 많은 성당은 서로 연접할 수 있는 개별 의자를 선호하여 긴 장궤틀 의자를 제거하였다. 이것은 신랑(nave)의 완고함을 해소 시켰으며, 개개 의자는 곧 신자 개개인을 잘 표현하며, 쉽게 재배열 할 수 있게 하였다. 그러나 이것은 '임시적인' 것보다 '영원한' 것을 말해야 하는 상징성에 문제가 있다.

그림 2. 장궤의자(로마, 성모마리아 성당 20C)

어쨌든 좌석은 문제거리로 남는다. 긴 신자석은 단단하기 때문에 다소 영구적이다. 그리고 그 견고성은 성단 주위로 둥글게 배열함으로써 부드럽게 할 수 있다. 만약 개별 의자(chair)를 사용한다면 매우 튼튼해야 하며, 움직이게 하려면 그만큼 가벼워야 할 것이다. 어떤 의자는 무릎 꿇는 대를 부착할 수 있고, 탈착 가능한 쿠션을 앞의자 밑에 두어 사용할 수도 있다. 의자는 안락하게 마무리되어야 하지만 극장 의자처럼 플러시천으로 정교하게 할 필요는 없다. 무엇보다 질이 높아야 한다. 값싼 플라스틱이나 금속 접이 의자는 교회를 단순한 강당이나 비영속적인 느낌, 또는 아름다움이 결여된 감을 주게 된다. 개별 의자(chair)가 가지는 또 하나의 문제는 개개 좌석이 극장 의자를 연상케하며, 관객의 관계를 암시하고 참여를 고무하지 않는다는 것이다.

그림 3. 개별의자(성베드로 성당, 런던, 20C)

지역 문화 특성에 따라서 의자가 결정되기도 하며, 수도원, 신학교, 대학 채플 등에서는 이동식 장궤틀이 사용되기도 한다. 여분의 주변 좌석이나 이동식 의자가 노약자와 장애인을 위해 준비된다. 그러면 공동체의 구조는 예수 주의로 모인 군중을 연상시키며, 제대를 중심으로 초점은 있되 조직화되지 않은 무정형으로 모인 하느님 백성의 질을 더욱 암시할 것이다

그림 4. 이동식 장궤틀

오늘날 많은 교회에서 장궤틀과 무릎 꿇는 자세를 제거한 것이 유감스럽다. 교회는 축성시 신자들이 무릎 꿇을 것을 요구하는데 그것은 합당한 이유가 있는 것이다. 무릎 꿇는 것은 성서를 통해서

보는 바와 같이 예배의 전통적이고 중심적인 자세이다. 주님은 스테파노(사도 7, 60), 베드로 (사도 9, 40) 및 바울로(사도 20, 36)와 같이 무릎을 꿇고 기도하셨다(루가 22, 41). 더욱이 필립비인들에게 보낸 편지(2, 6-11)에서 그리스도에 대한 성가는 예수의 이름으로 무릎을 꿇는 우주적인 전례에 대해서 말하고 있다. 교회는 예수의 이름으로 무릎 꿇고 모든 진리 안에서 행동함으로써 우주적인 자세로 들어간다.

성가대석 (Choir)

현대 교회 음악은 전자 기타, 피아노, 드럼 등의 현대 악기가 전례에 도입됨으로써 더욱 복합적인 것이 되었다. 그러나 8~9세기 이래 사용되어 온 파이프 오르간은 여전히 전통적인 악기로 높이 평가되고 있다. 다른 악기들은 지역 교회 당국의 판단과 결정에 따라, 성스러운 용도에 적합하거나 혹은 적합할 수 있고, 성전의 위엄에 상응하고, 또한 참으로 신자들의 신심개발에 도움이 된다면, 전례에 이용할 것이 허용된다.[10] 문화와 전통을 고려해야 하지만 전례의 요구를 충족시키는 방법으로 사용되어야 하며, 예배의 아름다움과 신자들의 신심 계발 두 가지에 도움이 되어야 한다.

성가대의 자리는, 성당 구조를 참작해서, 성가대도 집회의 일부분이며 특수한 임무를 수행하고 있다는 그 특성이 잘 드러나도록 마련해야 한다. 그들의 전례적 봉사의 임무 수행이 쉽게 이루어지는 동시에 각 성가대원도 성사적으로 미사에 참여하고 있다는 그들의 완전한 참여가 보장되도록 그 자리가 마련되어 있어야 한다.[11]

오르간이나 기타 정당하게 인준 받은 악기는 적당한 자리에 놓아, 성가대와 교우들이 노래할 때에 도움이 되도록 하고, 악기만 연주하는 경우에도 교우들이 잘 들을 수 있는 자리에 놓아야 한다.[12]

주 10) Sacrosanctum Concilium, 120.

주 11) 미사 경본 총 지침, 274.

주 12) 미사 경본 총지침, 275.

원래 성가대, 즉 스콜라 칸토룸(*schola cantorum*)이 완전히 종교적으로 구성되었을 때 성단 앞 칸첼리(*cancelli*) 안에 위치하였었다. 바로크시대 이후 가끔 뒤편에 성가대석이 배치되기도 하였다. 최근 성가대는 성단의 한쪽 편 – 보통 동쪽 제단 교회의 남쪽 편 – 에 쉽게 보일 수 있고, 미사에 쉽게 참여할 수 있도록 위치한다. 또한 성가대석은 교회의 뒤편, 신랑의 한쪽 측면, 2층 갤러리 등 보다 멀리 배치될 수도 있다. 그러나 최소한 성가대는 회중과 시각적 통일을 이룰 뿐 아니라 회중을 리드할 수 있어야 한다. 어떤 이는 회중의 뒤로부터 들리는 소리가 더욱 교회를 장엄하게 만들고 신자들이 쉽게 따라 부를 수 있다고 주장한다. 그리하여 선창자와 성 음악 담당 성직자는 앞에, 성가대는 뒤편 성가대석에 배치될 수 있다. 이것은 물론 가능하다. 그러나 응집력 있는 소리를 만드는 것은 어려울 것이다. 만약 신랑이 깊지 않고 넓다면 성가대는 회중을 감싸는 뒤편 다락에 위치하는 것이 좋다. 친밀감과 참여도를 높일 수 있다. 그렇지 않으며 이상적인 위치는 성가대가 음악 미사를 리드할 수 있고 회중석과 구분되지만 전체 회중의 한 부분으로 보이며, 성가대원이 쉽게 미사에 참여할 수 있는 성단의 한쪽 편일 것이다.

배랑 (拜廊, Narthex)

"교회는 양의 우리이며 그리스도는 하나밖에 없는 필요한 문이시다" (요한 10, 1-10)[13]

주 13) Lumen Gentium, 6

교회의 문은 단순한 물리적인 문 이상의 것이다. 그것은 변환과 전환의 전 과정의 상징이다. 교회에 들어간다는 것은 속세를 떠나 하느님 왕국으로 들어가며, 일상의 관심과 근심걱정으로부터 벗어나 위안과 치료, 그리고 성소(聖所)를 찾는 것이다. 그것은 하늘의 문으로 들어가는 것을 미리 맛보는 것이다. 왜냐하면 "지상의 전례는 천상 전례를 미리 맛보고 참여하는 것"[14]이기 때문이다. 이

주 14) Sacrosanctum Concilium, 8.

주 15) Otto won Simson, The Gothic Cathedral, pp. 108-109

상징주의는 생드니의 수도원장 슈제르(Suger)에 의해 처음 사용되었다.[15] 이러한 사고는 르네상스시대에는 예배자가 하늘의 영광으로 들어감을 암시하는 영광의 문으로 표현되었다.

배랑(narthex) – 큰 입구 홀, 포치 – 은 교회의 전통적인 입구이다. 그것은 하느님 집으로 들어옴을 환영하는 장소이며 안내, 성물판매 등 세속적인 기능을 수용하기도 한다. 그러나 가장 중요한 것은 속(俗)과 성(聖)사이의 전이 공간(轉移空間)으로서 도시의 혼잡으로부터 전례공간을 보호하는 완충 역할을 하는 것이다. 이것은 속에서 성으로 나아가는 위계적인 전이의 부분이다. 이러한 나아감(이상적으로는 마당으로부터 시작)은 회중석을 통해 성단으로 계속되며 제대와 감실에서 절정에 달한다. 전이 공간으로서 배랑은 개인적인 준비를 위한 시간과 공간을 허용해야 한다. 그러므로 신자들이 교회에 들어갈 때 세례의 서약을 회상하도록 성수반이 놓인다.

역사적으로 배랑은 전례에 참여할 수 없는 이들을 위한 공간이었다 이교도, 예비자, 개종자, 파문자, 죄인들은 배랑에 한정되었다. 그곳에서 그들은 성찬에 참여하지 않고 가르침을 들을 수 있었다. 개인적인 준비의 관점에서 배랑은 세례를 통해 입교하는 것을 준비하는 이들을 환영하는 장소이기도 하다. 그러므로 전통적으로, 논리적으로, 또한 전례적으로 세례에 적합한 장소는 배랑 안이거나 바로 근방이다. 교회가 매우 조용한 곳에 있다면 고해자가 신랑으로 들어가기 전에 화해 할 수 있기 때문에 배랑은 좋은 고해 장소가 될 것이다. 만약 성체 채플이 근처에 있으면 고해성사와 성체보존의 행렬적인 관계를 만들 수 있다.

배랑은 행렬을 위해 모이는 집회의 장소이기도 한다. 교회의 주출입문은 주교관을 쓴 주교나 관이 쉽게 드나들 수 있도록 커야 하며, 입구의 행렬이 배랑에서 시작되기 때문에 제의실과 쉽게 연결되어야 한다.

십자가의 길 (Stations of the Cross)

교회에서 가장 사랑받는 신심수련 중의 하나가 '십자가의 길'이다. 한국에서는 이를 "성로선공"(聖路善功), "성로신공"(聖路神功), "십사처기도"라고도 한다.

예수와 그 제자들이 "찬송가를 부른 다음 올리브 산으로 떠난"(마르 14, 26) 때부터 예수가 십자가를 지고 "골고타라는 "(마르 15, 22) 갈바리아 산으로 올라가 못박히고 부근의 동산 바위에 뚫려있는 새 무덤에 묻힐 때까지의 행로이다. 예수의 지상 생활 가운데 마지막 여정으로서 '고통의 길' 이라고도 한다.

이것의 의미는 "예루살렘에서 완성된 구원의 여정"이며, "구원을 필요로 하는 사람들과의 만남의 공간"이요 "성령에 의해 인도된 길"인 동시에 "교회로부터 사랑받는 길"이다.

십자가의 길 형성과정

오늘날과 같은 신심 수련으로서의 '십자가의 길'이 사용된 것은 중세시대 이후부터이다. 클레르보의 베르나르도(1090-1153), 아시시의 프란치스코(1181-1226), 보나벤투라(1217-1274) 등의 성인들은 십자가의 길에 애정 어린 믿음을 갖고 참여함으로써 십자가의 길이 신심수련으로 탄생되는 토양을 준비하였다.

예수 그리스도의 수난에 대한 경건한 신앙심은 예루살렘의 "거룩한 장소"들을 복원시키려는 십자군 파견의 열정으로 연결되었다. 예루살렘 성지 순례는 12세기부터 다시 시작되었고 1233년부터는 프란치스코 회원들이 예루살렘의 거룩한 장소에 상주하면서 성지를 수호하였다. 예루살렘으로부터 귀환한 십자군과 순례자들은 자신들의 도시나 거주지에 예루살렘에 있던 거룩한 장소들과 같은 모형들을 건립하기 시작하였다.

그리스도 수난에 대한 경건한 신심운동과 함께 13세기 말경부터 십자가의 길은 갈바리아 산으로 오른 예수의 여정으로서 언급되었고, 여러 장소와 그곳에서 일어난 사건들을 연속적으로 엮어 표현하기 시작하였다.

15세기 경 그리스도의 수난에 대한 신앙심의 배경으로 예수가 갈바리아 산에 오른 행로와 직접 관련된 세 가지 형태가 특히 게르만 지역과 네델란드 지역에 널리 퍼졌다. 이 세가지 신심[16]이 통합되어 오늘날과 같은 십자가의 길이 신심수련으로서 탄생된 것이다. 그리스도의 머무르심을 의미하는 각 장소에는 기둥이나 십자가로 표시하였으며, 묵상의 대상이 되는 장면들을 그림이나 조각 등으로 꾸며 쉽게 알아볼 수 있도록 하였다.

18세기 중반에는 '십자가의 길의 설교자'로 알려진 프란치스코회의 수사 성 레오나르도(S. Leonardo da Porto Maurizio)에 의해 열정적으로 전파되었다. 레오나르도는 세계 각처에 572개나 되는 십자가의 길을 설치하였는데 그 가운데 가장 유명한 것이 1750년 성년을 기념하여 로마 원형경기장에 세워진 것이다. 1731년 교황 글레멘스 12세는 "십자가의 길 신심 행위의 올바른 거행을 권고함"이라는 특별교령을 공표하였다. 이 교령을 통해 다양한 형태로 전파되었던 십자가의 길을 14처[17]로 한정하고 각 처마다 고유한 수난사건으로 고정시켰다. 각처의 주제는 어떤 것들은 복음에 근거를 두고 있는 반면에, 어떤 것들은 간접적으로 연관된 장소와 사건들이 있었고, 또 어떤 것들은 극화된 것들도 있다.

한편 1990년대 들어 전통적인 주제들과는 커다란 차이가 있는 십자가의 길이 거행되기도 하였으며 최근 교황청에서도 전통적인 십자가의 길과 다른 십자가의 길의 사용을 여러 경우에 허가하기도 하였다.[18] 그러나 이러한 구조의 변경이 전통적인 십자가의 길

주 16) 첫째는 예수가 십자가를 지고 가는 도중에 있었을 '그리스도의 넘어지심'에 대한 신심으로 일곱 번까지도 열거되었다. 두번째는 '그리스도의 고통스러운 행로'에 대한 신심으로서 고통의 매 단계들을 기념하는 일곱 개나 아홉 개 혹은 그 이상의 성당들을 지정하고 차례로 경건한 행렬을 하는 신심행위이다. 셋째는 '그리스도의 지체하심'에 대한 신심이다.

주 17) 18세기 교황청의 승인을 얻은 전통적인 주제들은 ① 사형선고를 받음, ② 십자가를 짐, ③ 첫 번째 넘어짐, ④ 마리아를 만남 ⑤ 시몬이 예수를 도와 십자가를 짐, ⑥ 베로니카가 예수의 얼굴을 씻어드림, ⑦ 두 번째 넘어짐, ⑧ 예루살렘 부인을 위로함, ⑨ 세 번째 넘어짐, ⑩ 병사들이 예수의 옷을 벗기고 초와 쓸개를 마시게 함, ⑪ 병사들이 예수를 십자가에 못박음, ⑫ 십자가 위에서 숨을 거둠, ⑬ 제자들이 예수의 시신을 십자가에서 내림, ⑭ 무덤에 묻힘

의 구조와 주제의 변경을 의미하는 것은 아니다. 전통적인 십자가의 길은 아직도 유효하며, 앞으로도 계속 사용될 것이다. 새로운 십자가의 길[19]은 다만 전통적인 구조와 주제에는 나타나지 않거나 그늘에 가려져 있던 수난 신비의 중요한 사건들을 명시적으로 드러내는 데 그 의미가 있는 것이다. 즉 십자가 길의 특별한 보화를 강조하며 어떠한 구조로도 풍요로운 십자가의 신비를 남김없이 다 드러낼 수 없다는 것을 밝혀주는 것이다.

새로운 십자가의 길은 다음과 같다.

① 게쎄마니 동산에 있는 예수, ② 유다에게 배반당해 붙잡힘, ③ 최고의회에서 심판받음, ④ 베드로에게 부인당함, ⑤ 빌라도에게 판결받음, ⑥ 채찍질과 가시관으로 고통받음, ⑦ 십자가를 짐, ⑧ 키레네 사람 시몬이 예수의 십자가를 짐, ⑨ 예루살렘 여인들을 만남, ⑩ 십자가에 못박힘, ⑪ 회개한 강도에게 당신 나라를 약속함, ⑫ 십자가 위의 예수와 십자가 아래의 성모와 제자, ⑬ 십자가 위에서 숨을 거둠, ⑭ 무덤에 묻힘

십사처 상의 크기와 설치장소

초대교회부터 각 처의 주제들은 많은 미술가들의 예술적 창작 대상이었다. 이러한 성미술품들은 그리스도인의 신심에 많은 도움을 주었지만 작품 자체가 신심에 본질적인 것은 아니다. 각 처 위에는 비록 작더라도 잘 보이는 나무로 된 십자가의 부착을 의무화하기도 하였으나, 그리스도의 수난 신비를 잘 드러내는 것으로 전례와 성미술에 대한 지침에 따라 제작된 것이면 충분하다.

십자가의 길은 모든 경당이나 성당, 순례자들의 숙소 등 실내뿐만 아니라 실외, 교회 묘지, 그 밖의 필요한 길가에도 설치할 수 있다. 십자가의 길은 사제에 의해 축복되어야 하며, 성당 봉헌이나

주 18) 1991년과 1992년 파스카 금요일에 로마의 원형경기장에서 교황 요한 바오로 2세에 의해 거행된 십자가의 길에는 14처로 구성되었지만 각 처의 주제와 순서가 크게 바뀐 것이다. 정확한 성서적 근거가 없는 "예수의 세 번 넘어짐"(3·7·9처), "마리아를 만남"(4처), "베로니카를 만남"(5처) 등 5개 처와 성서적 근거가 있기는 하지만 "병사들이 예수의 옷을 벗기고 초와 쓸개를 마시게 함"(10처)과 "예수의 시신을 십자가에서 내림"(13처) 등 2개 처를 합하여 모두 7개의 처를 제외시키고 대신 성서의 근거가 명확하며, 그리스도의 수난에 나타나는 극적인 사건들로서 중요한 신학적 의미를 담은 7개의 처를 새로이 도입하였다.

그림 5. 십사처(크리프톤 대성당, 1965)

그림 6. 십사처(야외)

축복 당시에 십자가의 길 성상이 마련되어 있었다면 다시 축복할 필요는 없다.(축복예식서 1097조)

교회는 십자가의 길 기도를 바칠 때 마치 갈바리아로 향하는 그리스도의 여정을 따르는 것처럼 처와 처 사이를 조금이라도 이동할 것을 권고하고 있다. 따라서 십자가 길 성상의 배치는 건물 내 공간이나 장소의 크기와 여건에 맞는 적당한 크기여야 하며 어느 정도의 간격을 유지하는 것이 좋다. 모두가 일정한 간격으로 통일할 필요는 없으나 미적인 구성을 우선하여 기도의 행위에 불편함을 주는 배열은 피해야 할 것이다.

세례소 (Baptistry)

세례의 역사와 상징성

성체 성사 다음으로 건축적 고려가 필요한 것은 성세성사이다. "성체성사가 그리스도교 생활의 원천이자 정점"인 반면, 성세성사는 처음이요 기초적인 성사이다. 따라서 세례소는 교회에서 제대 다음으로 초점이 되는 장소이다. 세례소와 세례반은 위치, 장식, 디자인에 대한 어떠한 통일도 없었지만 항상 교회 내의 중요한 도상적(圖像的, iconographic)인 요소로 사용되어 왔다.

초기 교회의 성세성사는 풍부하고 복합적인 의미로 가득 찼다. 그것은 신자가 그리스도의 온전한 사제와 그의 교회와 함께 예수의 죽음과 부활을 통해 교회에 들어가는 것과 관련이 있다.

사도 행전을 보면 그 당시의 후보자를 물로 씻는 예식이 있었다.(사도10, 48 ; 19, 5). 물로 씻는 예식, 세례의 집전자가 세례 후보자를 물 속에 잠그는 이 예식은 세례자 요한이 요르단강에서 행했던 것과 같은 것이다 요한의 세례는 회개의 세례이며 성세성사를 예시한 것으로 이해된다. 물의 세례는 예수의 공생활이 시작됨을 표시한다. (마태 3, 11 ; 15-17 ; 마르 1, 7-12). 그러므로 초기 교회는 세례를 교회의 합당한 입구로 보았다. 그러므로 세례소는 교회당의 안이든 밖이든 입구에 배치되었다. 세례는 복음의 선포와 신앙 고백에 뒤이어 행해졌다. (사도 8, 35. 37. 38). 이 예식에 뒤이어 성령을 받는 예식인 안수가 뒤따랐다. (사도 29, 6). 예수 그리스도의 이름으로 받는 이 세례의 의미는 그와 함께 죽고 그와 함께 부활하리라는 것을 뜻하였다.[1] 예수는 루가 복음 12장 50절에서 일종의 세례로서 그의 임박한 죽음에 대하여 언급하고 있다. 그리고 이 주제는 바오로 성인에 의해 채택되어 세례가 죽음과 재탄생과 연관되게 되었다.

그림 1. 요르단강에서의 세례

주 1) Burkhard Neunheuser, O.S.B. (김인영 역), Storia della Liturgia attraverso le Epoche Culturali『문화사에 따른 전례의 역사』, 분도 출판사 1992, p.27.

세례를 받고 예수 그리스도와 하나가 된 우리는 이미 예수와 함께 죽었다는 것을 모르십니까? 과연 우리는 세례를 받고 죽어서 그분과 함께 묻혔습니다."(로마 6, 3-4).

그리고, "여러분은 그리스도의 할례, 곧 세례를 받음으로써 그리스도와 함께 묻혔고 또 그리스도와 함께 다시 살아났습니다." (골로 2, 12).

마르코의 복음도 예수가 체포될 때 게쎄마니에 있었던 "고운 삼베만을 두른 젊은이"(마르 14, 51)의 은유적인 모습으로 세례를 통한 죽음과 재 탄생을 언급하고 있다. 예수를 따라가다가 붙잡힌 그 젊은이는 밤에 알몸으로 도망갔는데 부활날 아침 예수의 무덤에서 발견된다. 그는 이번에는 "흰옷을 입고 있었다"(마르 16, 5) 이 내용은 신개종자의 알몸으로부터의 세례과정을 언급한 것으로 볼 수 있다. 수의는 이교도 생활의 죽음을 상징하고, 그래서 그 세례 후보자는 옛 옷을 벗어 던지고 일반적으로 무덤으로 이해되는 물 속으로 들어갔다. 새로 세례 받은 그리스도인은 요한이 언급한 "어린양이 흘리신 피에 두루마기를 빨아 희게 한"(묵시 7, 14) 흰 세례옷을 입고 있었다.

성세수의 씻음을 통해 죽고 재탄생한다는 사고는 세례소의 설계에 사용되었다. 이교도의 건축 형태를 채용하여 그리스도교 의미를 부여한 바실리카식 성당은 씻음의 상징으로 공중 욕탕을, 죽음의 상징으로 묘당(mausoleum)을 선택해 세례소의 형태를 디자인하였다. 최초의 세례소의 하나로 알려진 두라-에우로푸스(Dura Europus)의 가정 교회(AD 232년)에는 입구의 한 방에 정교한 시보리(civory)가 덮인 세례반이 놓여 있다. 이것은 공중 욕탕의 프리지다리움(frigidarium, 냉탕)과 무덤의 사변형 석관에서 따온 고안이었다. 그밖에 세례의식이 카타콤바에서 행해졌다는 고고학적인 증거가 있다.

그림 2. 두라-에우로푸스유적의 세례당(3C.)

4세기 콘스탄티누스 황제의 공인 이후 교회 건축은 활발히 전개되고 세례는 성사의 중요성을 강조하기 위해 분리된 건물 - 세례당 - 에서 행해졌다. 세례당은 보통 교회의 북서쪽에 위치하였는데 그것은 하느님 왕국에 들어가는 것을 상징하여 서정면 교회의 출입구 서쪽에, 세례지원자가 이교도의 암흑으로부터 그리스도의 광명으로 들어간다는 것을 암시하여 북쪽에 배치한 결과였다. 세례는 네 가지 방법 중의 하나에 의해 거행되었다. 즉 완전한 침례(submersion), 머리만 침수(immersion of the head), 주부(注賦)식(pouring), 관수(灌水)식(sprinking) 등이다. 세례반은 완전히 침수할 정도로 깊지는 않았지만 수세자의 머리를 담그거나 온몸에 물을 끼얹을 수 있도록 충분한 크기였다. 보통 세례반은 예루살렘의 성 치릴로(St. Cyril)가 다음과 같이 적고 있는 바와 같이 죽음으로 내려가는 것을 상징하여 1-4단 땅 밑으로 낮추었다.

그림 3. 성 요한 라테란 성전 세례당
(4C)

그림 4. 성 요한 라테란 성전 세례당
의 내부

"너는 세 번 물 속으로 내려왔다 다시 올라간다. 이것은 그리스도가 3일 동안 무덤 속에 묻히신 것을 은근히 가리킨다. 우리의 구세주는 3일 낮밤을 지구의 심장에서 보냈기 때문에 처음 물 속에서 나옴은 땅속에서의 그리스도의 첫 낮을, 그리고 물 속으로 내려감은 첫 밤을 재현한 것이다."[2]

주 2) Davies, J.G., The Architectural
Setting of Baptism, 1962 p.23.

이러한 전례적, 상징적 이유 때문에 세례소는 보통 묘당이나 집중형 교회와 같은 간결하고 집중적인 형태의 건물이었다. 초기 세례소와 세례반은 거의 정방형이나 장방형이었지만 4세기부터는 모두 8각형, 6각형, 원, 3엽(葉) 또는 4엽(葉)형으로 만들어졌다. 4각형은 제대의 경우처럼, 삼위일체의 두 번째 위격으로서의 그리스도를 표현한다. 원형 세례반은 삼위일체의 통일을 표현하며, 매일 그리고 고통 없이 하늘 왕국의 어린이를 탄생시키는 일종의 자궁으로 보일 수도 있다. 8각형은 새로운 일주일의 첫날이요 재탄생의 날, 부활의 날인 여덟 번째 날을 표현한다. 6각형은 그리스도가 죽어 묻히신 여섯 번째 날, 금요일을 표현한다. 그러므로 세례자에게 그리스도와 함께 죽어야 한다는 것과 그것을 구하기 위해선 생명

그림 5. 초기 교회의 세례반

을 바쳐야 한다는 것을 환기시킨다. 삼엽은 분명한 삼위일체의 상징이다. 왜냐하면 그리스도인은 성부와 성자와 성신의 이름으로 세례 받기 때문이다.

많은 경우 두 가지 형태가 병치되었다. 8각형 세례당에 6각형 세례반, 6각형 세례당에 원형 세례반 등. 후에 세례반은 더욱 세례와 십자가형을 결합하기 위해 때때로 십자형이거나 4엽형이 되었다. "세례는 십자가다. 그리스도에게 있어 십자가와 죽음은 우리에게 있어 세례와 같다."(성 요한 크리소스토모) "당신이 물에 적실 때 당신은 죽음과 묻힘을 받는 것과 같다. 당신은 십자가 성사를 받는 것이다"(성 암브로시오)[3] 그러므로 초기 교회는 다른 형상을 통해 성사의 다른 국면을 표현하면서 세례당과 세례반을 상징적으로 사용하였다고 말할 수 있다.

주 3) Ibid., p.22

초기 교회의 세례의 중요성은 세례소의 장식의 종류와 양에 의해 증명될 수 있다. 세례반이나 건물의 형태가 성사의 어떤 국면을 미묘하게 암시할 수 있었는데 장식은 세례의 의미를 상징하는 강력하고 과도한 그림 묘사의 기회가 되었다. 그림은 성서뿐만 아니라 자연, 이교도의 신비 등으로부터 나온다. 성서로부터 사용된 주요 상징을 살펴보면, 요한에 의한 예수의 세례가 가장 일반적이고, 그 외 무덤 곁의 부인, 우물 옆의 사마리아 여인, 착한 목자, 시편 42장을 회상시키는 사슴 등이 있다. 자연의 상징으로는 공작새, 야자나무, 과일나무는 모두 낙원의 상징이고, 가끔 돔에 등장하는 별은 천상을 이야기한다. 성령의 상징으로서 비둘기는 세례반 위에 자주 보이며, 물고기는 "인간의 어부"(마태 4, 19)를 회상시키며, 또한 "예수 그리스도, 신의 아들, 구세주"의 각 단어의 첫 문자로 구성된 물고기란 뜻의 고대 그리스어의 약성어 $I X \Theta T \Sigma$를 언급하기도 한다. 이교도의 신비로부터도, 예를 들면, 불사조와 일각수(一角獸)는 불멸의 재생의 표현으로 사용되었다.

처음에는 모든 성세성사와 견진성사는 주교에 의해서만 거행되

었기 때문에 세례당은 주교좌 성당 안이거나 근처에 위치했다. 세
례받은 다음에야 전례에 참여하고 영성체 할 수 있었다. 6세기부
터 사제들의 성세성사가 허용되자 일반 교구 성당과 수도원에도
세례소가 설치되기 시작했다. 그리스도교가 전파되고 이교 세력이
사멸되어 점차 성인 영세자가 줄어들었으며, 7세기엔 유아 영세가
일반적이었다. 따라서 분리된 큰 세례당, 움푹 파인 세례반은 더
이상 필요치가 않았다. 더구나 그리스도교가 완전히 정착되고 그
리스도교 사회가 보편화되자 이교 세계를 떠나 교회의 새로운 삶
으로 들어간다는 개념은 그 의미를 잃게 되었다. 그리하여 교리 문
답과 성세 서약은 불필요하게 되고, 교육실과 신앙 고백실 및 탈의
실이 필요 없게 되었다.[4] 세례당은 이제 작아지고 교회에 부속되
며 나중에는 성당 안에 설치되었다. 그러나 분리된 세례당도 계속
지어졌는데 이탈리아, 영국, 프랑스, 독일, 러시아 등지에서는 중
세 후기까지 옛 부지에 다시 건축되곤 하였다.

유아 영세 위주로 세례반의 바닥은 들어 올려졌고, 세례는 매장
이라는 바울로의 사고에 따라 침수가 일반적인 세례형태였으며 그
에 알맞는 크기가 되었다. 중세의 세례반은 다리가 있는 침수가 일
반적인 세례형태였으며 그에 알맞는 크기가 되었다. 중세의 세례
반은 다리가 있는 성작 형태, 원, 8각, 6각 등에 대한 교부의 상징
주의 사용 등 아주 많은 종류의 형태를 채택하였다 그리고 모세가
물을 긷는 바위를 연상하거나 모퉁잇돌로서 그리스도를 상징하여
일반적으로 돌로 만들어졌다. 그러나 가끔 나무, 브론즈, 납으로
만들어지기도 하였다.

각 교회들이 성세 성사를 거행하기 때문에 교회의 한쪽 코너를,
주로 입구의 북쪽편에 세례소로 봉헌하였다. 때때로 세례소는 세
례자 요한에 봉헌된 제대와 강론대가 있는 채플이 되기도 하였다.
세례반은 존경의 표시로 정교한 시보리(civory) 아래에 놓였으며,
세례반의 장식을 위해 표준적인 성서의 참조뿐만 아니라 그리스도
의 세례, 십자가상, 부활, 요한 묵시록의 네 창조물, 여러 성인들

그림 6. 석조 8각형 세례대(리버풀성
당, 1867)

그림 7. 6각형 석조 세례대(베르나르
도성당, 20C)

그림 8. 청동 세례대(16C)

의 묘사, 용·괴수·히드라·뱀과의 싸움, 싸우는 천사, 신의 양에 의한 정복 등이 사용되었다.

반종교개혁시 주교좌 성당과 큰 성당은 분리된 세례당의 고대 형태로 되돌아갈 것이 권장되었다. 그들은 전실과 제대가 있는 원, 8각, 6각 형태로 세례자 요한에게 봉헌되었다. 작은 교구 성당은 분리된 세례당 대신에 입구 북쪽편의 채플위주로 선호되었는데, 신랑 바닥보다 몇 단 낮으며, 무덤과 닮았고 철제나 나무문으로 구획되었다.

오늘날의 세례소

지난 40년간 세례소는 유럽 성당 건축에 있어 건축적인 표현의 주제가 되어 왔다. 세례반을 입구 배랑에 두거나 성당의 서쪽 끝에 채플을 둠으로써 세례가 교회의 입구와 시작이라는 사고를 확인하였다. 어떤 전례학자는 세례와 성체 사이의 밀접한 연관을 들어 세례반은 동쪽 끝 성단근처 – 성단과는 뚜렷이 구별된 위치–에 위치하여야 한다고 주장하는 반면, 다른 이들은 반드시 성당의 입구라야 한다고 주장한다.

세례소의 설계가 전례법보다는 항상 전통에 의해 결정되어 왔지만, 그럼에도 불구하고 몇 가지 요구사항이 있다. 교구 교회가 세례에 적합한 장소이기 때문에 모든 교회에는 세례소가 있어야만 하며 많은 사람을 수용할 수 있도록 넓어야 한다. 세례는 교회의 빠스카 신비의 일부이므로 부활절이 지난 후 영광스런 장소에 보관하는 부활초를 세례소에 놓을 수 있도록 배려해야 한다. 성세수는 부활 전야 부활초를 담그면서 축성되며, 세례식이 있을 때마다 켜서 수세자들의 초를 그로부터 쉽게 점화시킬 수 있어야 한다.[5]

세례대 자체는 매우 "깨끗하고 장식적이어야 하며 성세수는 그

그림 9. 무티에 성당(1967, 성당입구 한단 내려간 곳에 성령의 상징인 비둘기 형상의 세례대를 두었다.)

그림 10. 크리프톤성당의 세례대(입구 근처에 강을 상징하는 한단 낮은 검은색 바닥위에 비둘기 형상의 세례대와 부활초를 두었다)

주 5) A. Adam(최윤환 역), Sinn und Gestalt der Sakramente 「성사와 전례」, 수원 가톨릭대학 출판부, 1991, pp.44-45

상징성을 입증할 수 있도록 청결한 자연수라야 한다."[6] 세례대는 성세수가 흘러 들어오고 흘러나갈 수 있도록 해야하며,[7] 추운 기후에는 덥힐 수 있다. 세례는 침수(沈水)나 주수(注水)에 의해 행해지기 때문에 새 세례대는 애기를 담글 수 있도록, 그리고 어른의 머리에 물을 부을 수 있도록 설계되어야 한다.

여하튼 세례대는 보존되어야 하며 다른 어떤 용기로 대치하지 말아야 한다. "성세수가 세례대 안에 보존되지 않는 때에라도 그 세례대는 신자들로 하여금 자기들의 세례를 회상하게 한다."(어린이 세례 총지침. 25)

교회는 그리스도 몸으로서의 시작이요 출발이라는 세례의 기본 뜻을 견지한다. 그리스도의 빠스카 죽음과 부활을 성사에 의해 나눔으로써 개인적이고 원초적인 죄의 영혼을 깨끗이 한다. 교회사를 통해 세례는 기본적으로 시작의 성사요 하느님의 정신적 삶의 시작으로 이해되어 왔다. 그것은 성사의 입문이다 "예수 자신이 믿음과 세례의 필요성을 강조하시면서(마르 16, 16 ; 요한 3, 5) 동시에 교회의 필요성도 확인하신 것이니, 문을 통해서 집에 들어오듯이 사람들이 세례를 통해서 교회에 들어오기 때문이다."[8] '문을 통해서' 들어온다는 세례의 사고는 세례소의 위치를 선택하는 데 중요하고 오래된 지침이 되어 왔다.

세례는 영혼의 인간적인 씻음으로도 이해된다. 이러한 씻음은 여전히 죽음으로 보인다. "세례로서 사람들은 그리스도의 빠스카 신비에 결합함으로써 곧 그리스도와 같이 죽고, 같이 묻히고 같이 부활한다."[9] 그리스도의 빠스카 희생으로의 이러한 참여의 신비는 부활 전야나 부활 대 축일에 세례를 주는 옛 관습을 통해서, 그리고 부활 초를 세례소에 둠으로써 분명해짐을 의미한다. 이러한 상징주의는 무덤을 암시하는 공간을 창조함으로써, 그리고 세례소와 세례반의 교부시대 형태를 재생함으로써 촉진될 수 있다.

주 6) 어린이 세례 예식서 총지침, 18.

주 7) A. Adam(최윤환 역). op cit. p.44

주 8) Lumen Gentium, 14

주 9) Sacrosanctum Concilium, 6

그림 11. 성작형태의 세례대(아시시의 성 프란시스성당, 20C)

그림 12. 상징적인 세례대(샤티라나 성당, 1995, 마리오보타 디자인)

오늘날 교회도 역시 세례와 공동체 생활, 세례와 성체 사이의 관계성을 강조한다. 성 바울로가 "우리는 모두 한 성령으로 세례를 받아 한 몸이 되었고"(1고린 12, 13)라고 말하듯 세례는 공적인 행위이다. 최근 교회는 이러한 공동체적인 면을 강조하기 시작하였다. 사제는 신자를 하느님의 백성으로 인도한다. 더욱이 세례는 남자와 여자가 교회로 결합되고 성령으로 하느님 집에서 함께 모이는 성사이다. 그것을 받은 모든 이들 사이의 일치의 성사적인 결합이다.

건축적으로 이것이 의미하는 바는 세례가 공동적인 성격을 가져야 한다는 것이다. 이것은 여러 문헌에서 다양하게 표현되고 있다. 세례소에 대한 최근의 가장 간단한 지침은 성단과 뚜렷이 분리된 공간이어야 하고 세례식에 많은 사람이 참여할 수 있도록 넓어야 하며, 뚜렷이 보일 수 있는 장소여야 한다는 것이다.[10]

주 10) 어린이 세례 예식서 총지침, 25

세례가 분리된 세례당이 아닌 성당 안에 마련될 경우 다음과 같은 어려운 문제가 야기 될 수 있다. 먼저 세례가 교회의 입교라면, 세례대는 입구 근처에 놓아야 할 것이다. 그리고 '회중의 완전한 참여가 조장되는 장소'에 놓여야 한다면, 그리고 회중은 회중석에 그대로 앉아 있다면 그것은 성단 가까운 신랑에 놓여야 한다. 만약 성사가 빠스카 성격을 선포한다면, 다소 폐쇄적이고 무덤 같은 분위기가 되어야 할 것이다. 이것은 신자들의 분명한 시각안에 세례대를 배치한다는 것과 상반된다.

이러한 문제들에 대해 하나의 허용 가능한 해결책은 최대한 시청각적인 조건을 위해 회중 앞에 임시적인 세례대를 사용하는 것이다. 미국에서는 세례대가 제대나 강론대, 사제석을 방해하지 않고 번잡하지 않는 조건하에 성단 위에 배열하는 것을 허용한다. 영국은 세례대가 성단위에 있는 것을 분명히 금지한다. 오히려 제대나, 강론대, 사제석에 의해 방해받지 않는 곳을 선호한다. 고정 세례대의 안에다 성사의 엄숙함을 유지하도록 특별히 디자인된 이동

그림 13. 크로바형. 목제 이동식 세례대(바스성당, 18C)

가능한 세례대의 라이닝(lining)을 넣을 수는 있다. 그러나 이동 세례는 분명히 반대한다. 이동 세례대는 성사를 위해 특별히 마련된 장소라는 세례소의 의미를 감소시킨다.[11] 분리된 세례당은 성사에 합당한 영광을 준다. 반면 이동 세례대는 상대적으로 이것을 무시하는 것으로 보인다. 대야나 이동 세례대의 사용은 허용될 수 없다. 세례의 중요성이나 그것의 의미는 이러한 편의주의에 의해 적합하게 표현될 수 없다. 특별한 경우를 위한 이동 세례대의 아이디어는 오직 고정적인 공동체의 아이디어를 보완하는 것일 뿐이다. 만약 이동 세례대가 요구된다면 그것은 성사에 합당한 존경을 주는 영원성의 느낌을 디자이너가 제공하여야 한다.

주 11) 어린이 세례 예식서 총지침, 25

이 문제에 대한 다른 해결책이 있다. 오늘날 많은 전례학자들은 전례에서의 동적인 움직임을 주장하며, 능동적인 참여에서 행진의 가치를 높게 평가하고 있다. 그리고 이것은 세례성사의 한 부분이 될 수 있다. 전체 의식이 반드시 한 장소에서 일어나야 할 필요가 없으며 교회는 많은 자유를 허용한다.

"세례소 바깥에서 거행될 수 있는 세례 의식의 한 부분은 참여 인원을 수용할 수 있고, 축하에 적합한 교회내의 어떤 곳에서도 거행될 수 있다. 만약 세례소가 모든 예비자와 회중을 수용할 수 없다면 세례식의 일부는 교회의 다른 적합한 곳으로 옮길 수 있다."[12]

주 12) 어린이 세례 예식서 총지침, 25

그러므로 세례소는 입교의 상징일 뿐만 아니라 세례소에서 제대까지의 행진이 전통적인 의식을 회상케 할 수 있기 때문에 여전히 입구에 놓일 수 있다. 다음과 같은 박해시대의 관습에 대한 기록이 남아있다. "우리의 가르침에 동의하고 확신한 사람을 씻은 후에 우리는 그를 형제들이라 부르는 사람들이 모인 곳으로 데리고 간다."[13] 2세기에서 발전되어 4세기에 완성되었으나 전 유럽의 그리스도교화와 유아 영세의 증가로 쇠퇴해진 세례 지원기(catechumenate)는 제2차 바티칸 공의회에 의해서 부활되었다."[14] 이런 재생된 콘텍스트의 하나로서 세례 후 제대까지의 행진은 예

주 13) Davies, J.G., op cit, p.164

주 14) Sacrosanctum Concilium, 64

식을 풍요롭게 할 것이다.

　이상의 모든 것을 고려해 볼 때 교회의 입구(내부이든 밖이든)
가 여전히 세례소의 가장 적합한 장소로 보인다. 이것은 실제 성사
의 시작이라는 측면과 세례 때의 약속을 회상케 한다는 점에서 매
우 유용하다. 이를 건축적으로 배열한다면 입구 홀의 한 부분에 일
종의 묘당과 비슷한 세례 채플을 제안할 수 있다. 가능하다면 바닥
을 몇 단 낮추고 주위에 난간을 둘러 위요(enclosure)의 느낌을 갖
게 하고 회중이 주위를 둘러싸 예식을 볼 수 있게 한다. 그러므로
그리스도와 같이 죽고 부활한다는 사고는 회중의 완전한 참여로
해결될 수 있다.

고해소 (Confessional)

　고해성사[15]를 위한 건축적 장치가 도입된 것은 16세기 이후 참회자와 고해 신부사이에 칸막이가 설치되면서 부터이다. 그 이전 중세에는 제대 앞이나 배랑에서 행해졌으며, 신부는 앉고 참회자는 그 옆에서 꿇어앉았다. 사적이고 빈번한 고백이 출현하기 이전 초기 몇 세기 동안은 참회자가 교회 앞 계단에서 주교에게 공개적으로 죄를 고백하였다. 참회자가 보속을 완수하기 전까지는 배랑으로 들어갈 수가 없었다. 6세기에 아일랜드 수사들의 영향으로 고해는 사적이고 반복적인 성사로 전개되었다. 성사의 성격에 대한 교회의 이해는 변치 않았지만 인간에 대한 이해는 변했음을 보여준다.

　오늘날 자비와 화해의 개념에서 고해성사가 강조된다 "고해성사를 받는 신도들은 하느님께 끼친 모욕의 용서를 자비로우신 하느님께로부터 받으며, 동시에 범죄로 상처를 입혔던 교회, 사랑과 모범과 기도로써 죄인들의 회개(悔改)를 위해 노력하는 교회와 다시 화해(和解)하는 것이다."[16] 그러므로 고해소의 건축적인 배열은 교회의 치유 기능을 환영하고 회상하는 것이 되어야 한다. 사제가 부족할 때는 공동 참회 예절을 통해 일괄 사죄가 보장되기도 하지만 일반적으로 고해는 여전히 사적이고 개인적인 고백과 사죄이다.(교회법 960조, 961조)

　고해성사의 적합한 장소는 교회나 경당인데[17] 전통적인 고백 또는 화해실에서의 신부와 마주하는 '면담형 고백'(open confession) 두 가지 유형 모두 사용 될 수 있다. 전통적인 고백 유형의 이점은 공간의 절약일 뿐이다. 가운데 사제석, 양편에 두 개의 참회자석이 있는 오래된 고해소는 공간도 시간도 절약되지 못하고 성사의 개인적인 성격을 떨어뜨리기 때문에 지양해야 한다. 고해실은 잘 조명되고 환기되어야 한다. 내부는 단이 없고 장애자의 휠체어가 들

그림 14. 성당내의 고해소(산티에고 대성당)

주 15) 제2차 바티칸 공의회 이후 새로 사용했고, 현재도 한국에서 사용하고 있는 '고백'이라는 용어는 고해자의 부분 행위만 내세우고, 내적 참회와 정개, 손해와 손실의 보상과 같은 인격적인 다른 전제 조건들은 언급되지 않기 때문에 매우 부족한 것으로 생각된다.(A. Adam, 최윤환역, 『성사와 전례』, p.33

주 16) Lumen Gentium, 11

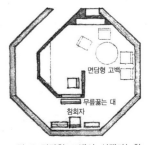

그림 15. 면담형 고백이 선택가능한 화해실의 구성 예

주 17) 교회법 964조.

어갈 수 있도록 넓어야 하며 무릎 꿇는 대와 스크린이 있어야 한다. 십자가상이나 적절한 이미지의 그림이 걸린다. 편안한 분위기에서 고백이 이루어질 수 있도록 마감 재료와 색깔이 선택되어야한다.

고해소는 신랑, 배랑 등 교회 내의 적당한 장소라면 어디에도 설치될 수 있다. 그러나 가능하면 배랑이나 입구 홀 특히 세례소나 성체 채플 근처가 좋다. 상징적이고 전통적인 맥락에서 성사를 집행하기에 적합하기 때문이다. 초기 교회에서 배랑(narthex)은 교회의 바로 입구는 아니었다. 성사 참여가 허용되지 않은 사람(예비자나 사죄 받지 않은 자)들을 위해 할애된 장소였다. 교회는 중죄를 범한 자에게 성체의 수여를 금하며, 고해성사를 통해 성사 생활에 재 입교하는 것이다. 그러므로 그것은 일종의 '두 번째 세례'라 할 수 있으며 회개의 눈물이 바로 깨끗이 씻는 세례수라 할수 있다.

배랑에 고해소를 배치하는 것은 건강한 그리스도 생활을 위해서 성사의 중요성을 신자들에게 재인식시키는 역할을 한다. 고백과 고해성사의 은덕은 우리를 지탱하고 인간이 신에게 돌려야할 공경의 정신과 경이롭게 드러나는 그의 사랑을 계속 깊게 하는데 필수적이다. 성 바오로는 다음과 같이 언급한다. "그러므로 여러분은 이 빵을 먹고 이 잔을 마실 때마다 주님의 죽으심을 선포하고, 이것을 주님께서 다시 오실 때까지 하십시오, 그러니 올바른 마음가짐 없이 빵을 먹거나 주님의 잔을 마시는 사람은 주님의 몸과 피를 모독하는 죄를 범하는 것입니다 각 사람은 자신을 살피고 나서 그 빵을 먹고 그 잔을 마셔야 합니다."[18] 그러므로 배랑의 고해실은 신도들을 성체성사를 준비하는 회개로 초대한다. 감실이 근처에 있으며 그 앞에서 고해자는 통회의 기도를 드릴 수 있다. "고해가 성체로 인도할 뿐만 아니라 성체가 고해를 인도한다."[19] 교황에게 있어 이러한 연결은 제2차 바티칸 공의회가 확립한 '신앙의 풍요'와 교회의 선교에 본질적으로 연결되는 것이다.

주 18) 1고린 11, 26-28

주 19) John Paul II, The Holy Eucharist, 1980. 7

기타 전례를 위한 설계지침

특별한 건축적인 고려가 요구되는 세가지 성사는 성체성사, 세례성사, 고해성사이다. 그 밖의 다른 성사를 위해서 고려해야 할 사항을 요약하면 다음과 같다. 신품성사 - 보통 주교좌 성당에서 거행된다. - 는 제단 앞 계단 아래의 서품 후보자가 부복(俯伏)할 수 있는 넓은 공간이 요구된다. 병자성사는 주로 병원, 집 등 교회 밖에서 일어난다. 다만 제구실 안에 성유를 보관하는 용기를 비치해야 한다. 장례 미사를 위해서는 성단 바로 곁 신랑의 끝 부분에 관을 둘 수 있는 공간이 필요하다. 아니면 측랑 앞부분의 좌석 몇 열을 옮길수 있게 하여 해결할 수 있다.

참고문헌

- 가톨릭 미술가 협회, 『영원의 모습』, 국립현대미술관, 1984
- 김정신, 『한국 가톨릭 성당 건축사』, 한국교회사연구소, 1994
- 김정신, "가톨릭 전례공간의 감실 위치에 관한 실천신학적 연구", 『건축역사학회지』 제1권 제1호, 1994
- 김정신, "20세기 현대교회건축운동에 관한 비교연구", 『건축역사학회지』 제8권 제4호, 1999
- 김정신, "롱샹성당 – 그 디자인의 원천과 설계과정", 『Le Corbusier 건축작품 읽기』, 기문당, 1999
- 윤성호, 『이탈리아 현대 성당건축』, 가톨릭출판사, 2002
- 정시춘, 『교회건축의 이해』, 도서출판 발언, 2000
- 천주교 서울대교구 혜화동교회, 『우리와 함께 머무소서』, 도서출판 기쁜소식, 1996
- 한국가톨릭대사전 편찬위원회, 『한국 가톨릭 대사전』, 한국교회사연구소
- 한국천주교 주교회의 교회법 위원회 역, 『교회법전(*Codex Iuris Canonici*)』, 한국천주교중앙협의회, 1990
- 한국천주교 주교회의 전례위원회 역, 『성당 축성예식서(*Ordo Dedications Ecclesiae et Altaris*)』, 한국천주교중앙협의회, 1978
- 한국천주교 주교회의 전례위원회 역, 『고백성사 예식서(*Ordo Paenitentiae*)』, 한국천주교중앙협의회, 1977
- 한국천주교 주교회의 전례위원회 역, 『로마 미사경본의 총지침 (*Institutio Gneralis Missalis*)』, 한국천주교중앙협의회, 1979
- 한국천주교중앙협의회, 『미사없는 영성체와 성체신심 예식서 (*Ordo de Sacra Communione et de Cultu Mysterll Eucharistici extra Missan*)』, 한국천주교중앙협의회, 1977
- 한국천주교중앙협의회, 『제2차 바티칸 공의회 문헌』, 한국천주교중앙협의회, 2002
- 한국천주교중앙협의회, 『성체신비 공경에 관한 훈령 (*Eucharisticum Mysterium*)』, 한국천주교중앙협의회, 1968

- 한국천주교중앙협의회, 『신앙의 신비(*Mysterium*)』, 한국천주교
  중앙협의회, 1989
- 加藤常昭外,『敎會建築』, 日本基督敎出版局, 1985
- 土屋吉正(최석우 역), 『미사, 그 의미와 역사』, 성 바오로출판사,
  1990
- A. Adam(최윤환 역), *Sinn und Gestalt der Sakramente*(성사와 전
  례), 수원 가톨릭대학 출판부, 1991
- Albert Christ-Janer, Mary Mix Foley, *Modern Church
  Architecture*, McGraw-Hill Book Company
- Anton Henze, *Neue Kirchliche Kunst*, Paulus Verlag
  Recklinghausen, 1958
- Anton Mayer, *Das Bild der Kirche*, Verlag Friedrich Pustet
  Regensburg, 1962
- Ausgewählt und bearbeitet von S, Nagel und S, Linke, *Kirchliches
  Bauen,* Bertelsmann Fachverlag, 1968
- Bouyer L., *Liturgy and Architecture*, Notre Dame University,
  Press, 1967
- Burkhard Neunheuser,(김인영 역), *Storia della Liturgia
  attraverso le Epoche Culturali* (문화사에 따른 전례의 역사), 분
  도출판사, 1992
- Frédéric Debuyst, *Le renouveau de L'art sacré de 1920* à 1962,
  Mame (Collection Art et Foi), Paris, 1991
- G. E. Kidder Smith, *The New Churches of Europe*, Architectural
  Press, 1964
- Hugo Schnell, Twentieth *Century Church Architecture in
  Germany*, Verlag Schnell & Steiner, 1974
- Mark E. Wedig, *The Hermeneutics of Visual Religious Art in L'Art
  Sacré* (1945-1954) *in the Context of Aesthetic Modernity*, the
  Catholic University of America, 1995
- Mercier, George, *L'Architecture religieuse contemporaine en
  France vers une synthèse des arts*, Mame, Paris, 1968

- Paola Pellandini, *Mario Botta La cathédrale d'Evry*, Skira, 1996
- Peter Hammond, *Liturgy and Architecture*, Princeton University Press. 1960
- Peter Hammond, *Toward a Church Architecture*, The Architectural Press, 1962
- Reinhard Gieselmann, *New Churches*, Architectural Book Publishing Co. 1972
- Rudolf Schwarz, *Vom Bau der Kirche*, Verlag Lambert Schneider, 1947
- Sherrill Whiton, *Interior Design and Decoration*, Harper Collins, 1974
- The National Association of Decorative & Fine Arts Societies, *Inside Churches* , 1989
- Wolfgang Pehnt, *Gottfried Böhm*, Birkhäuser Verlag, 1999

사진자료

- CASA BELLA, 2000, 4
- Dr. Paul Mai, Regensburg, *Motorway Church of St. Christopher, Baden-Baden*, 1983
- Hugo Schnell, *Twentieth Century Church Architecture in Germany*, Verlag Schnell & Steiner, 1974
- *Notre-Dame de Toute Grce : Plateau d'Assy (Haute-Savoie)*, Editions paroissiales d'Assy, 1993
- Paola Pellandini, *Mario Botta La cathédrale d'Evry*, Skira, 1996
- Schnell, *Maria Regina Martyrum*, 1989
- Schnell, *St. Johann Baptist Neu-Ulm*, Verlag Schnell & Steiner. 1986
- Schnell, *Wallfahrtssttte Neviges*, 1990
- Schnell Steiner, *Die Expo-Kirche, Der Christus -Pavillon, 2000*
- The Administrator Clifton Cathedral House, *Cathedral Church of SS. Peter & Paul Clifton*, 1973
- 한국가톨릭대사전 편찬위원회, 「한국 가톨릭 대사전」, 한국교회사연구소

교회상징 및 교회건축 용어 해설

가톨릭 (Catholic) : '일반적, 보편적'이란 뜻의 그리스어에서 유래된 말. "하나이며 거룩하고 공번되고 사도로부터 이어오는 교회" 즉 특정 국가나 지방, 민족에 국한되지 않고 인류 전체를 상대로 하는 세계적·보편적 교회라는 뜻이다.

까치발 (bracket) : 벽이나 기둥에서 돌출하여 차양·보·선반·내민 창 등을 지지하는 부재.

간 (間, bay) : 4개의 지주에 의해 구획된 공간 단위. 특히 서양 중세 교회 건축은 베이의 부가와 분절에 의해 계획되었음.

감리교 (監理敎, Methodism) : 18세기 영국 국교회 내의 종교부흥운동에서 발전한 프로테스탄트의 한 교파. 존 웨슬리(John Wesley, 1703-1791)가 창시하였으며 '완전을 위한 체험신앙'을 중시한다. 한국에는 미국 감리교의 선교로 1884년에 들어왔다.

감실 (龕室, tabernacle) : 성당 내에 성체를 모셔두는 곳.

강론대 : 강론을 위한 대. 강단. 영어의 ambo 또는 pulpit에 해당.

강복 (降福, blessing) : '좋은 말을 하다', '찬미·찬양하다', '하느님의 은혜를 청원하는 것' 등의 뜻. 가톨릭 전례에서는 사제나 부제, 주교만이 교회의 행위로서 강복할 수 있으며, 평신도는 사적행위로 강복할 수 있다.

갤러리(gallery) : 교회건축에서는 측랑(aisle)의 상층 부분으로 신랑(nave)에 면해 열려있다.

거양성체 (擧揚聖體, elevation in the Mass) : 미사에서 빵과 포도주를 성체와 성혈로 축성한 뒤 신자들이 쳐다보고 경배할 수 있도록 높이 올려드는 행위.

게쎄마니 (Gethsemanie) : 예루살렘 성전 맞은편 올리브산 기슭에 있는 정원. 예수는 30년 4월 6일 목요일 저녁 예루살렘 시내에 있는 친지의 집 2층방에서 제자들과 최후의 만찬을 드신 다음, 키드론 골짜기를 지나 게쎄마니로 가시어 시시각각으로 다가오는 죽음을 예감하면서 간절히 기도하시다가 제자인 유다 이스가리옷이 데려온 최고의회 하인들에게 체포되어 이튿날 새벽까지 최고의회에게 심문을 받으셨다.

그림 1. 전형적인 고딕성당 단면도

고딕양식 (Gothic style) : 중세 스콜라 철학의 건축적 구현으로서 12세기 후반에서부터 15세기 말 유럽의 교회 건축을 중심으로 발달된 중세의 가장 완성된 건축양식. 일반적인 특징은 뾰죽 아치, 리브 볼트, 족주, 버트레스, 플라잉 버트레스, 첨탑 등의 건축 요소를 사용하여 수직적 분절감을 강조하고 있음. 전시대의 로마네스크 건축이 양괴(massive) 건축이라 불리는 데 비해 고딕 건축은 근골(framework) 건축이라 불리워짐.

고성소 (古聖所, limbo) : 이미 죽은 사람들 중에서 천국이나 지옥 또는 연옥 그 어디에도 머무르지 못하는 사람들이 머무르는 장소를 말한다.

고전주의 (古典主義, Classicism) : 일반적으로 고대 그리스 · 로마의 고전 예술을 모범으로 한 예술 방식. 이탈리아를 중심으로 하여 각지에 퍼진 르네상스 양식이 그 대표적인 실례. 반면 바로크, 로코코에 대한 반동과 새로 발견된 고대의 유적에 자극되어 18세기 말부터 19세기 전반에 걸쳐 일어난 고전주의 예술 경향은 신고전주의라 한다.

고해소 (告解所, confessional) : 성사적 고해를 듣기위한 장소. 가
톨릭 교회에서의 고해는 범한 죄를 사제 앞에 고백하여 회개
하고 화해하는 것을 말한다.

골고타 (Golgotha) : 예수가 십자가를 짊어지고 가서 처형된 장소.

공의회 (公議會, Council) : 신앙, 윤리, 규범 등 종교적인 문제를
다루는 주교들의 회합.

공중회랑 (triforium) : 중세 양식의 성당에서 볼 수 있는 측랑
(aisle) 상부의 어둡고 좁은 회랑. 보통 고딕 성당의 내부 벽면
은 수직으로 3-4개의 부분으로 구분되는데 맨 아래로부터 아
케이드, 트리포리움, 크리어스토리(광창) 그리고 또 하나의 광
창으로 구성된다. 보통 세 개의 개방된 연속 아치로 되어 있기
때문에 트리포리움이라 부른다.

과월절 (過越節, Passover) : 이스라엘 민족의 선조들이 이집트에
서의 노예 생활에서 탈출하여 해방된 것을 기념하는 축제.

광창 (clerestory) : 벽의 상부 천장면 가까이 높은 곳에 있는 창.
특히 고딕 성당의 광창은 스테인드 글라스를 투과한 초자연적
인 색광으로 영적인 내부 공간을 형성하는 데 결정적인 기여
를 하였다.

꼭대기 장식 (pinnacle) : 소첨탑. 고딕 양식의 건물에 사용되는
탑 모양의 장식물. 보통 버트레스의 꼭대기, 박공, 계단탑
(turret)의 꼭대기에 설치되며, 세장한 원추형, 또는 각추형의
꼭대기를 정화(final)로 장식한다.

교차부 (crossing) : 십자형의 평면을 가진 교회당 건물에서 신랑
(nave)과 익랑(transept)이 교차하는 부분. 보통 상부에 탑이 설

치되며, 성가대석이 자리한다.

교회일치운동 (ecumenical movement) : 분열된 그리스도계의 일
　치를 위한 운동.

국제주의 건축 (International Architecture) : 1920년대에서 1930
　년대에 걸쳐 주창된 건축의 기능, 조형 표현을 근대 생활과 결
　부시키자는 운동. 과거의 양식과 단절하고 지역의 특수성보다
　는 국제적으로 보편화된 표현을 추구하여, 입방체의 벽면과
　유리면의 평활한 구성을 취하였다.

궁륭 (볼트, vault) : 아치를 토대로 한 곡면 천장의 총칭. 고대 로
　마 이래 중세, 근세에 이르기까지 조적 구조에 있어 기본적인
　구법임과 동시에 공간이나 형태의 특성을 결정하는 중요한 요
　소로 되어 있다. 석조 또는 벽돌조가 보통이다.

　교차 궁륭 (그로인 볼트, groin vault) : 두 개의 반원통형 궁륭
　　의 교차에 의해 생기는 2방향 궁륭.

　근골 궁륭 (리브 볼트, rib vault) : 아치형의 근골(리브)을 뼈대
　　로 하여 구성되는 궁륭.

　반원통형 궁륭 (베럴볼트, barrel vault) : 반원형 단면으로 길
　　게 된 일방향 궁륭.

　사분형 궁륭 (quadripartite vault) : 두루마리(web) 부분이 두
　　개의 대각선 연결 뼈대(리브)에 의해 네 부분으로 구획된
　　궁륭.

그레고리오 성가 (Gregorian chant) : 로마 가톨릭 교회에서 미사
　를 비롯한 칠성사와 성무일도 등 모든 경신행위에 사용되는

고유성가. 음악(*musica*)이 아니라 노래(*cantus*)로서의 기도이다.

그림 2. 기둥의 구성

기둥머리 (柱頭, capital) : 기둥의 최상부를 형성하는 부재. 기둥 위에 얹혀 상부의 하중을 균등히 기둥에 전달하는 역할을 하며, 상징적·장식적 역할도 한다.

기둥몸 (shaft) : 기둥머리와 주초를 제외한 기둥의 몸통부분.

나르텍스(narthex) : 초기 그리스도교 교회당이나 비잔틴 교회당에서 입구와 신랑부 사이에 만들어진 옆으로 긴 공간, 배랑(拜廊)

내쌓기 (코오벨, corbel) : 상부 하중을 지지하기 위해 조금씩 내밀어 쌓는 조적 방식.

내진 (內陣, chancel) : 교회 건축에서 중앙 제단을 중심으로 한 부분. 보통 제단과 성직자와 성가대를 위한 장소로서 십자형 평면의 경우 교차부 안쪽 부분이 이에 해당된다.

네이브 (身廊, nave) : 바실리카식 교회당에서 중앙의 보다 높고 긴 광간. 보통 측랑(aisle)과는 열주로 구획된다. 라틴어로 배를 의미하는 navis에서 나온 말.

다발기둥 (族柱, clustered pier) : 중심이 되는 원주 주위에 소원주를 덧댄 기둥. 후기 로마네스크 건축 및 고딕 건축에서 자주 볼 수 있다.

단청 (丹靑) : 중국계 목조 건축에서 목부의 조악한 면을 감추고 보호하기 위해 아름답게 다채로운 색으로 도장하는 것. 붉은색과 청색이 주조가 되는 색채 의장 기법이다.

닫집 : 대성당의 주교좌나 사찰의 불상 상부에 설치되는 지붕 모양의 장식 캐노피.

당초 문양 : 포도, 싸리, 국화 등의 넝쿨풀이 소용돌이 형태로 뻗어나가는 만초 꼴의 문양. 고대로부터 동·서양에 널리 사용되었다.

도리 : 서까래를 걸려고 얹는 가로 놓인 부재. 보 및 서까래와 직각 되게 놓인다.

도머창 (domer window) : 지붕 밑의 채광을 위해 지붕면에 돌출하여 만든 창.

독서대 (pulplt) : 말씀의 전례의 중심을 이루는 부분으로서 성서를 읽고 이에 대한 해설과 강론을 하는 장소.

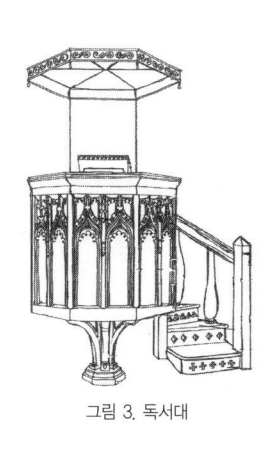

그림 3. 독서대

돌림띠 (frieze) : 상층 바닥 위치 부근의 건물 외벽에 돌출시켜 만든 장식용의 수평대.

돔 (dome) : 원형, 정사각형, 정다각형 등의 벽체에 얹은 반구형의 조적 지붕. 로마, 비잔틴, 르네상스 건축에서 즐겨 채용된 지붕 형식이다.

두루마리 (web) : 궁륭 천장에 있어서 뼈대(rib) 사이의 표면 또는 채움돌.

드럼 (drum) : 돔의 높이를 더하든가, 채광창을 붙이기 위하여 돔의 밑에 만든 원통 모양의 벽체.

라멘 구조 (lamen structure) : 기둥, 보, 슬라브의 구성 체계로 상부 하중을 지지하는 구조.

라틴 십자형 (Latin Cross) : 길이 방향이 폭 방향보다 긴 십자형. 서방 교회의 성당 평면은 주로 라틴 십자형을 사용.

란세트 아치 (lancet arch) : 뾰죽 아치의 일종. 두 원의 중심간 거리가 아치의 스판보다 긴 것을 말함. 따라서 아치는 종으로 길며 끝이 예각으로 날카롭다.

러스티케이션 (rustication) : 석재의 표면을 거칠게 다듬어 쌓는 방식. 르네상스 건축에서 건물 외벽 하부에 많이 쓰였다.

로마네스크 양식 (Romanesque style) : 고딕 양식에 선행한 서양 중세 양식으로 반원 아치의 둔중한 석조 궁륭의 지붕과 개구부를 특색으로 하며, 지붕의 하중과 횡압에 견디기 위하여 벽체를 중후하게 하여 창 면적이 적다. 고딕을 근골(筋骨) 건축이라 하는데 비해 양괴(量塊) 건축이라 한다.

루터파 교회 (Lutheran Church) : 루터(Martin Luther)의 종교개혁에서 시작되어 그의 주요 신학사상인 루터주의(Lutheranism)를 중심으로 형성 · 발전된 프로테스탄트의 대표적인 한 교파. 칼뱅주의 교회, 영국 성공회와 더불어 3대 프로테스탄트 교파 중의 하나이다. 전례의식은 자유로우나 세례와 성만찬을 구원을 위한 필수 요건으로 중시한다.

르네상스 (Renaissance) : 14~16세기 유럽에서 일어난 문화운동. 고대의 그리스, 로마 문화를 부활하여 이를 본받으려고 했다.

리브 (rib) : 볼트의 뼈대가 되는 부재. 기둥에서 기둥으로 걸친 아치로 되고 아치와 아치 사이의 무게를 기둥에 전달한다. 대부분이 구조적인 역할을 하지만, 때로는 단위구획을 분할하는 오직 장식의 역할만 할 때도 있다.

리브 볼트 (rib vault) : →근골 궁륭.

리어도스 (reredos) : 제대 뒤편 상부의 장식적인 병풍.

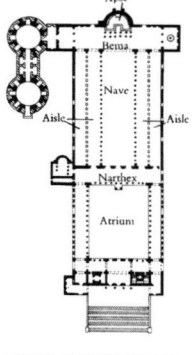

그림 4. 마리아의 상징들

마리아 (Mary) : 예수 그리스도의 어머니. 교회는 전통적으로 마리아를 '새 이브(New Eve)', '평생 동정녀', '동정녀 잉태(무염시태無染始胎, *Immaculata conceptio Mariae*)', '특별히 복받은 여인', '중개자와 영적 어머니' 등으로 공경해 왔다.

멀리온 (mullion) : 창을 몇 개로 나누는 중간 기둥.

멘사 (mensa) : 고전 라틴어의 제대를 가리키는 용어. 다섯 축성 십자가가 조각된 돌 제단.

모듈 (module) : 척도의 기준이 되는 단위.

모르타르 (mortar) : 시멘트, 모래, 물을 반죽한 접착제.

몰딩 (molding, 쇠시리) : 문틀, 창틀, 기둥머리, 돌림띠 등의 건축 부재의 표면이나 가장자리의 외곽 또는 윤곽의 변화를 주기 위해 처리한 장식.

바로크 양식 (Baroque style) : 명쾌하고 안정된 불변의 미를 나타내는 고전에 대하여 감각적 효과를 노린 회화적이고 극적인 감동에 넘친 양식. 일반적으로 이탈리아의 르네상스 예술이 해체된 17세기의 미술을 일컫는다. 건축에 있어서는 음영이 뚜렷한 복잡한 곡선으로 극적인 표면을 가지며, 건축 전체는 회화적인 효과로 통일되어 있다.

바실리카 (basilica) : 로마시대의 법정. nave, aisle, transept으로 구성되는 三廊式 건물.

바실리카 양식 (basilican style) : 그리스도교 공인 이후의 교회건축의 기본 양식. 로마의 바실리카를 모델로 하였다. 최초의 바실리카 양식으로 지은 교회건축은 콘스탄틴 대제의 궁전이었던 라테란 대성전이며 교회건축의 기본 형식이 된 것은 4세기 콘스탄틴 대제가 완성한 옛 베드로 대성당이다.

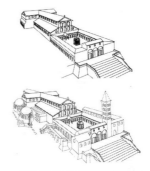

그림 6. 옛 베드로 대성당(아래그림의 희미한 선은 증축부분)

발다키노 (baldachin) : 제단이나 주교좌 위에 설치되는 장식용 캐노피. 천개(天蓋).

발코니 (balcony) : 건물의 외벽에서 튀어나와 실내 생활의 연장으로서 이용되는 지붕은 없고 난간으로 둘러싸인 옥외의 바닥. 극장 같은데서 벽에서 돌출한 상층 객석 부분.

벽기둥(pilaster) : 벽면에서 조금만 튀어 나와있는 기둥, 편개주(片開柱)

베이 (bay, 間) : 중세 교회 건축에서 네 개의 기둥에 의해 구획되는 단위 공간.

보 : 기둥 위에 직접 걸리거나 보다 큰 보에 연결되어 상부 하중을 지지하는 횡구조 부재. 주로 휨강성과 전단강성에 의해 하중을 지지한다.

보울트(vault) : 아치를 기본으로 한 곡면 천장의 총칭, 원통형 보울트(barrel vault), 교차 보울트(cross vault), 리브 보울트(rib vault) 등이 있다. 궁륭.

보회랑(ambulatory) : → 앰뷸러토리

봉건 제도 (feudalism) : 영주(領主), 가신(家臣)의 관계를 토대로 한 9세기에서부터 15세기까지의 유럽의 정치 제도. 충성, 봉사, 몰수로 특징지어진다.

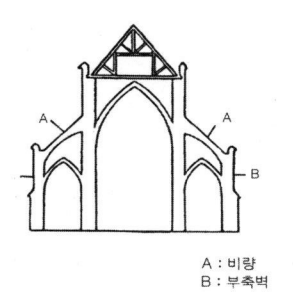

A : 비량
B : 부축벽

그림 7. 부축벽

부축벽 (버트레스, buttress) : 수평력에 대항하여 벽체를 보강키 위해 벽면 바깥으로 돌출되게 붙여 쌓은 벽.

분절 (分節, articulation) : 명확한 부분들로 구획되는 접합의 방법. 건축에 있어서 분절이란 각 요소가 분명한 성격과 기능으로 구분뒤면서 전체로 연결되고 통합되는 것을 말한다.

비늘창 : 환기, 차양, 소리의 전달 등을 위해 빗댄 살로 된 창.

비량 (飛樑, flying buttress) : 고딕 성당 건축에서 신랑부를 덮은 볼트의 측압을 외측의 버트레스에 전하기 위하여 측랑 지붕 위에 걸쳐 놓은 아치형 구조물.

비잔틴 양식 (Byzantin style) : 4~15세기 이스탄불을 중심으로 한 비잔틴 제국의 건축 양식으로 그리스, 로마, 페르샤, 메소포타미아 등 동·서양 건축의 여러 요소를 합쳐서 만들었다. 벽돌을 주재료로 하고, 사각형 평면에 펜덴티브를 사용해 반구형 돔을 올렸으며, 모자이크와 동방 계통의 기하학적 문양의 부조 장식과 다채로운 색채에 의하여 환상적인 공간을 이루었다. 동방 교회의 건축 양식.

비트루비우스(M. Vitruvious, BC 1C) : 로마의 건축학자, 건축분야 외에 급수공사와 군사시설의 설계경험으로 *De Architectura*, 建築論을 저술했음.

사제석 : 성당 내 성단(sanctuary)의 한 곳에 위치하는 사제의 자리.

삼위일체 (三位一體, Trinity) : 하나의 실체 안에 세 위격으로 존재하는 하느님의 신비를 지칭한다. 가톨릭 신앙의 최고의 신비요 주요한 계시 진리이다.

성단 (聖壇, sanctuary) : 교회당 내의 중심이 되는 가장 성스러운 곳. 중앙 제대를 비롯하여 사제석, 강론대, 성서 봉독대 등이 위치하는 내진부 일대. 지성소(至聖所).

성령 (聖靈, Holy Sprit) : 삼위일체이신 하느님의 제 3위. '성신' 이라고도 함.

성수반 : 성수를 담는 수반. 보통 돌로 만든다.

성체등 : 감실에 성체를 모셔둔 것을 알리고 그에 대한 존경의 표시로 켜 놓은 빨간 등.

세딜라 (sedilia) : 성직자석으로 사용된 이동식 벤치.

세례반 (font) : 세례용 수반. 보통 돌로 만든다. 초기에는 성인이 침수하거나 완전히 물을 끼얹을 수 있도록 깊었으나, 유럽 세계가 거의 그리스도교화되고 유아 영세 위주가 됨으로써 점차 얕고 작아지게 되었다.

쇠시리 : → 몰딩(molding)

스콜라철학 (Scholasticism) : 중세시대의 여러 학교(schola)에서 형성된 철학적 · 신학적 학설을 지칭하는 용어, 아리스토텔레스의 철학 사상에 근거한 고대 그리스 사상을 사상적으로 그리스도교 신앙의 원리를 발전시키는 데에 이용하여 근대에 전해 준 체계적인 가톨릭 철학 · 신학이다. 중세 스콜라 철학의 건축적 구현이 고딕성당이다.

스테인드 글라스 (stained glass) : 색유리 조각을 H자형 납틀에

그림 8. 삼위일체 상징들

Seven Lamps or Seven Flames

The Holy Spirit
The Dove

그림 9. 성령의 상징

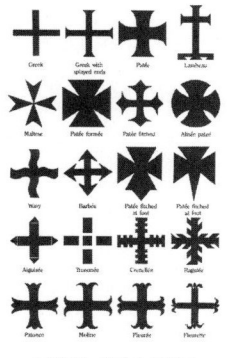

그림 10. 십자가 유형-1

그림 11. 십자가 유형-2

그림 12. 십자가 유형-3

끼고 납땜하여 모자이크 조립한 유리 장식. 고딕 성당 건축에서 최고조에 이른 색채 의장 기법으로서 내부 공간을 초자연적인 색광에 의해 영적인 세계를 구현하였다.

시보리 (civorium) : 제대 등 성스러운 곳의 상부에 석제, 금속제, 또는 목제의 기둥으로 받쳐진 장식 구조물.

신고전주의 (Neoclassicism) : 고전 양식의 복고나 수용, 특히 18세기와 19세기에 활발하였다.

신랑 (身廊, nave) : → 네이브

십자가 (十字架, Cross) : 예수의 십자가 위 죽음 때문에 그리스도의 상징이 된, 가장 오래되고 가장 보편적인 그리스도교의 표시이자 상징. 대속(代贖)의 표상이자 그리스도교 신앙을 통한 구원의 상징이기도 하다.

아이콘 (icon) : 성화(聖畵), 성상(聖像)

아일 (aisle, 측랑) : 바실리카식 교회당에서 중앙 네이브(신랑) 양측의 보다 좁고 낮은 긴 복도 모양의 부분.

아치 (arch) : 개구부 상부에 하중을 지지하기 위하여 돌이나 벽돌 등을 곡선형으로 쌓아 올린 구조.

가로지른 아치(squinch arch) : 평면형이 4각에서 8각으로 변하는 부분 등에서 상부 하중을 지지하기 위해서 공간 위로 가로질러 만들어진 아치.

거친 아치(rough arch) : 보통 벽돌로 아치를 틀고 줄눈을 쐐기 모양으로 한 아치.

높은 아치(stilted arch) : 아치 안 둘레의 중심이 아치굽을 연결한 선보다 위에 있는 아치.

바른 아치(gauged arch) : 줄눈 두께가 나란히 되도록 정확한
　　아치 벽돌로 구축한 아치.

반원 아치(semi-circular arch) : 아치 둘레가 반원형으로 된 아
　　치.

뾰죽 아치(pointed arch) : 두 원이 교차하여 꼭대기가 뾰족하
　　게 된 아치.

부분 아치(segmental arch) : 둥근 원호의 일부분으로 구성된
　　아치.

짐받이 아치(relieving arch) : 인방 또는 아치를 강조하면서 그
　　위 또는 뒷면에 설치되어 하중을 지지하는 아치.

평 아치(flat arch) : 아치의 안둘레가 수평으로 된 아치.

횡단 아치(transverse arch) : 궁륭 천장 사이 또는 간(bay) 사
　　이의 아치.

아치 기둥 (respond) : 아치, 궁륭 또는 궁륭 천장 뼈대(rib)의 한
　　쪽 끝을 받치는 붙임 기둥.

아치 벽돌 (voussoir) : 아치용으로 위가 넓고 밑이 조금 좁게 쐐
　　기 모양으로 만든 벽돌. → 홍예석

아케이드 (arcade) : 아치를 연속적으로 사용한 개방된 공간.

아트리움 (atrium) : 초기 교회의 회랑으로 둘러싸인 전정(前庭).

암브리 (aumbry) : 성작, 성반 등 전례 용기를 두는 찬장. 보통
　　내진의 북쪽 벽에 설치된다.

앰불러토리 (游步廊, ambulatory) : 행렬을 위한 앱스 주위의 회랑.

앱스 (apse) : 바실리카식 교회당에서 내진부 끝단이 밖으로 내민

반원형 부분.

앱시돌 (apsidiole) : 작은 앱스로 구성된 반원형 예배실. 보회랑 주위에 방사 형태로 부가된다.

엑세드라(exedra) : 반원형 또는 장방형의 벽으로 된 오목한 곳으로 앉기위한 대를 가지고 있다. 또 보다 넓은 의미로는 방의 후진(後陣), 니치(niche) 또는 후진 모양의 단부(端部)

그림 13. 앱시돌

영성체 (領聖體, Communion) : 신자 공동체가 감사 기도 중에 축성된 주님의 몸과 피를 나누어 먹고 마시어 그분과 함께 한 몸을 이루며, 그를 통해 믿는 이들이 서로 한 혈육을 이루는 예식.

영성체 난간 (communion rail) : 성단과 회중석을 구분하는 난간으로, 꿇어서 성체를 받아 모시는 대.

예수 (Jesus) : 예수라는 말은 히브리어의 Jehoshua(여호수아)에서 나온 말로서 어원의 뜻은 '도와 준다' 혹은 '구원한다' 이다. 여기서 여호수아라는 이름은 '야훼는 구원자이다' 라는 뜻이다. 예수를 표시하기 위해서 그리스어 '$IH\Sigma O\gamma\Sigma$'의 첫 세글자 '$IH\Sigma$'를 로마자로 표시한다. 이의 기본이 되는 꼴은 Iota Eta Sigma 즉 'IHS'이다.

Chi Rho
the first 2 letters of the
Greek word for Christ

IHC or IHS
the first letters
of the Greek
spelling of Jesus

Alpha and omega
first and last letters
of the Greek alphabet
symbolising eternity

Chi Rho with alpha
and omega within
a circle Christ
for eternity

그림 14. 예수 그리스도의 상징들

그리스도 (Christ, Christus, $XPI\Sigma TO\Sigma$) : 메시아 (Messiah)라는 말은 히브리어의 '하 마시아'에서 온 말로서 그리스 발음으로 '메시아스' 가 되고, 번역하여 '크리스토스' 가 된다. 뜻은 '기름 부음을 받은 자' 이다. 그리스도의 표시는 'Christus' 의 그리스어 첫 두 문자 X(Chi) 와 P (Rho)를 포갠 ✗ 이다.

예수 그리스도 (Jesus Christus) : 예수 그리스도의 상징은 그리스어의 I(Iota)와 X(Chi)를 쓴다.

오리엔테이션 (orientation) : 동쪽으로 향한 배치.

이디큘러(aedicula) : 소신전(小神殿), 양옆에는 기둥을, 위에는 삼각형 박공을 가진 문이나 창 주위의 조형물. 소신전인 경우 속에 상(像)을 넣는다.

이형 벽돌 : 보통 벽돌과 달리 형상, 치수가 규격과 다른 특이한 벽돌. 순수 벽돌 조적만으로써 다양한 조각적 효과를 낼 수 있다.

익랑 (翼廊, transept) : 십자형 평면의 교회당 건물에서 양쪽 날개 부분. 수랑(袖廊)이라고도 한다.

인방 (lintel) : 기둥과 기둥 또는 문설주에 가로질러 벽체의 뼈대 또는 문틀이 되는 가로재.

잎장식 문양 (foil) : 중세 성당의 창 장식에서 커스프(cusp)에 의해 분리되는 잎 모양 장식 문양. 원의 개수에 따라 3잎원(trefoil), 4잎원(quadrifoil), 5잎원(cinquefoil)이 있고, 양식화된 장식으로 포일리에이션이 있음.

장미창 (rose window) : 커다란 원형창으로 창살(tracery)이 중심에서 방사상으로 뻗쳐 있다. 중세 특히 고딕 양식의 성당 건축에서 동서 양단 및 익랑 양단에 흔히 볼 수 있다.

장식 병풍 (reredos) : →리어도스

절충주의 (折衷主義, eclecticism) : 1820년경부터 20세기 초두에 걸쳐 나타난 과거 양식의 절충적인 재흥을 목적으로 한 예술

양식. 르네상스, 바로크 양식뿐만 아니라 고금동서의 여러 양식과 모티프가 자유로이 선택 구성되었다.

제구실 : 성당의 제기, 제구 등을 보관하는 방.

제단 (altar) : 성단 내 전례의 중심이 되는 장소. 제대와 같은 뜻이나 엄밀히 말해 제대가 주님의 식탁 자체를 의미한다면 제단은 제대와 제대가 놓이는 기저까지 포함한다.

제대 (altar) : 성당의 중심으로서 그리스도의 십자가상의 봉헌이 기념되고 현재화되는 테이블. 고정될 수도 있고 이동 제대일 수도 있다. 4세기 이후부터 돌로 만들기 시작했고 6세기에 와서는 반드시 돌로 만들어야 한다는 규정이 생겼다. 지금은 고상한 재료이면 어떤 것도 사용할 수 있다. 제대는 식탁이라는 이미지와 석관이라는 이미지를 갖고 있다.

그림 15. 제2차 바티칸공의회 이전의 제단

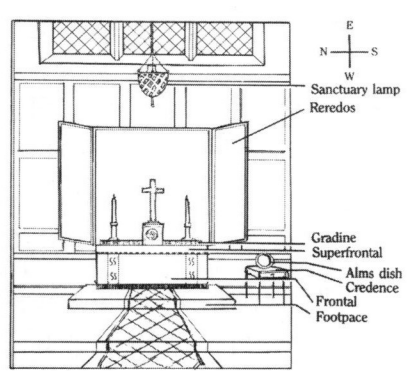

그림 16. 제단의 구성(제2차 바티칸공의회 이전)

제의실 (sacristy) : 성당의 제의를 보관하는 방.

조오지안 양식 (Georgian style) : 18세기의 세련된 영국 건축 양식. 장식이 적고 각부 비례와 시공 기술에 있어 우수하다.

조적조 (mansonry structure) : 벽돌, 돌, 블록 등의 덩어리로 된

부재를 수직으로 쌓아 상부하중을 지지토록 한 구조. 주로 부재의 압축 응력을 이용한 구조다. 근대 이전까지의 유럽 교회 건축은 거의 조적조이다.

족주 (族柱, clustered pier) : →다발기둥

주교좌 (cathedra) : 주교좌 성당 내 주교가 앉는 자리. 보통 성단 내 중앙 제대 뒤에 위치한다.

주교좌 성당 (cathedral) : 주교좌가 있는 성당. 각 교구에는 하나의 주교좌 성당이 있다. 이탈리아에서는 Duomo, 독일에서는 Dom 또는 Münster라고 부른다.

주두 (柱頭) : 기둥머리. 기둥의 꼭대기 두부. 시각적으로는 지붕의 하중과 그것을 지탱하는 힘과의 접점이 되기 때문에 고대 이래 중요한 의장적·상징적 요소가 되어 왔다.

지성소 (至聖所, sanctuary) : 교회당 내의 중심이 되는 가장 성스러운 곳, 중앙 제대를 비롯하여 사제석, 강론대, 성서 봉독대 등이 위치하는 내진부 일대. →성단

지하 성당 (crypt) : 교회당의 성단 하부 지하에 위치한 소성당. 때로는 성인의 유해실로 쓰인다.

징두리 : 벽체의 허리 높이 부분에서 밑으로 바닥까지의 사이를 말한다. 상부 벽체보다 견고하게, 또는 장식을 위하여 널판, 석재를 붙이든가 칠하는 것이 보통이다.

차륜창 (wheel window) : 창살(tracery)이 차바퀴 모양인 원형창. 장미창의 일종.

창문 격자 (tracery) : 고딕식 창의 장식 격자. 유리를 끼우기 위한 선대, 가로살 등을 곡선과 직선으로 장식적으로 배치함.

챈슬 (chancel) : 성당의 동쪽 끝부분. 성가대석(choir)과 성단 (sanctuary)을 포함한다. → 내진(內陣)

총화형 돔 (bulbous dome) : 밑부분이 양파 모양으로 부풀어 있는 돔.

측랑 (側廊, aisle) : 바실리카식 교회당에서 중앙 네이브(신랑) 양 측의 보다 좁고 낮은 긴 복도 모양의 부분. → 아일

카타콤바 (catacomb) : 로마시대의 지하 묘지. 통로와 유골을 안치하는 벽감이 있다. 박해시대 비밀 집회 장소로 사용되었다.

칸첼리 (cancelli) : 초기 바실리카에서 사용되는 낮은 높이의 칸막이로 성단과 성가대로부터 회중석을 분리시켜준다.

캐노피 (canopy) : 제대나 불상의 상부를 덮는 덮개.

코니스 (cornice) : 처마 또는 건물 벽 중간 등에 둘러 있는 띠 모양의 돌출부. 위치에 따라 처마 돌림띠, 벽 돌림띠, 천장 돌림띠 등이 있다.

코오벨 (corbel) : 상부 하중을 지지하기 위해 조금씩 내밀어 쌓는 조적 방식. →내쌓기

콰이어 (choir) : 성가대의 자리. 신랑(nave)와 성단(sanctuary) 사이의 내진 부분.

크레던스 (credence) : 제대 옆의 보조 테이블. 주수대.

크리프트 (crypt) : 묘실 또는 교회당의 지하 성당을 말하나 때로는 2층 교회당의 아래층을 말하기도 한다.

클로이스터 (cloister) : 중정 주위를 둘러싼 유개 보도(有蓋步道). 특히 수도원의 회랑을 일컬음.

튜더 장식 (Tudor flower) : 영국 후기 고딕 건축의 장식 형태로서 건물의 뾰족한 끝 또는 장식부의 직교점에서 전개되는 직립 다이아몬드형 또는 삼잎원 형태의 장식.

튜렛 (turret) : 원형 또는 다각형 평면의 소탑. 건물의 구석에 있어 계단실이 될 때가 많다.

트란셉트 (transept) : 십자형 평면의 교회당 건물에서 양쪽 날개 부분. 수랑(袖廊)이라고도 한다. → 익랑

트러스 (truss) : 부재가 삼각형을 단위로 한 구조 골조.

트레이서리 (tracery) : 창의 장식 격자. 고딕 건축에서 가장 발달 하였다. → 창문 격자

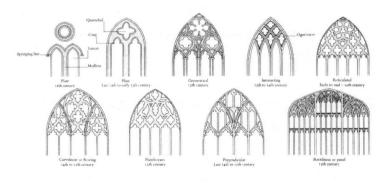

그림 17. 트레이서리의 발전과정

팀파눔 (tympanum) : 박공벽 또는 아치에 의해서 둘러싸인 삼각 형이나 원호 형태의 부분.

파고다 (pagode, 塔) : 불교의 탑.

파사드 (façade) : 정면. 보통 정면 현관 쪽의 입면을 말하나 건물
　　에 따라서는 둘 이상의 파사드를 가지는 경우도 있다.

페디먼트 (pediment) : 고전 건축에 있어서 박공 지붕의 박공 부
　　분에 삼각형으로 된 벽 부분. 장식띠(cornice)로 둘려 있으며
　　의장상 중요한 역할을 한다. 그리스어로 팀파늄이라 한다.

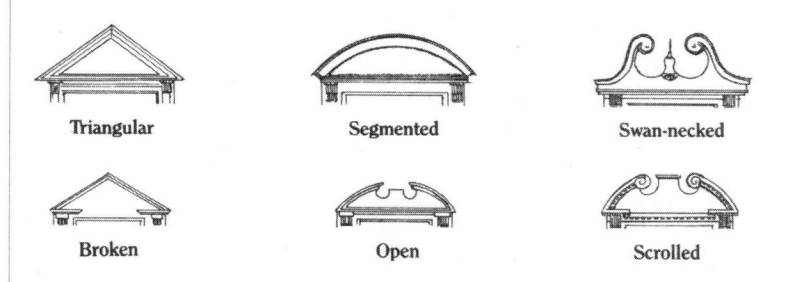

그림 18. 페디먼트의 여러 유형

편개주 (pilaster) : 벽면에서 어느 정도 돌출한 단면 방향의 기둥.
　　붙임 기둥.

포치 (porch) : 건물의 출입구 앞에 본체에서 돌출하여 만든 지붕
　　이 있는 곳. 따라서 한쪽은 건물 입구에 접하고 기타 3면은 개
　　방되어 있다.

표현주의 (Expressionism) : 예술에 있어 표현의 한 경향. 대상의
　　실제보다는 주체의 감성이나 예술가의 반응을 표현한다. 건축
　　을 개인적인 감정의 표현으로 간주.

플라스터 (plaster) : 소석회, 여물, 해초 등을 섞어 만든 미장용 반
　　죽. → 회반죽

플라잉 버트레스 (flying buttress) : 고딕 성당 건축에서 신랑부를

덮은 볼트의 측압을 외측의 버트레스에 전하기 위하여 측랑 지붕 위에 걸쳐 놓은 아치형 구조물. → 비량

피나클 (pinnacle) : 소첨탑. 고딕 양식의 건물에 사용되는 탑 모양의 장식물. 보통 버트레스의 꼭대기, 박공, 계단 탑(turret)의 꼭대기에 설치되며, 세장한 원추형, 또는 각추형의 꼭대기를 정화(final)로 장식한다. → 꼭대기 장식

필라스터 (pilaster) : 벽면에서 어느 정도 돌출한 단면 방향의 기둥. 붙임 기둥. → 편개주

홍예석 : 아치용으로 위가 넓고 밑이 조금 좁게 쐐기 모양으로 만든 벽돌이나 돌. → 아치 벽돌

회반죽 : 소석회, 여물, 해초 등을 섞어 만든 미장용 반죽.

찾아보기

크리프트 94, 96, 116, 117, 122

글쓴이 소개 | 김 정 신

1952년 경남 남해에서 태어났다. 서울대학교와 동 대학원 건축학과를 졸업하고
「한국 가톨릭 성당건축의 수용과 변천과정」으로 박사학위를 받았다. 해군본부
시설감실과 한국환경설계연구소에서 실무를 익히고, 영국 Bath대학(1990년),
일본 京都대학(1997년 단기)에서 연수하였다.
1980년부터 단국대학교 건축학과 교수로 재직하면서 교회건축과 한국근대건축사,
문화유산보존에 대한 작품과 연구활동을 하고 있다.

주요작품으로는 영암시종공소(1998), 약현성당 복원(2000), 북한 KEDO종교동
(2001), 송현성당(2004) 등이 있고, 가톨릭미술상(2005), 대한건축학회 특별상
남파상(2005), 소우 저작상(2009), 한국건축역사학회 송현논문상(2011), 한국색
채학회 학술상을 수상하였으며, 문화재청과 서울시 문화재위원으로 활동하고 있다.

유럽 현대 교회건축

2004년 3월 10일 교회 인가
2004년 2월 28일 1판 1쇄 발행
2012년 11월 20일 2판 1쇄 발행

지은이 김 정 신
펴낸이 강 찬 석
펴낸곳 도서출판 미세움
주 소 150-838 서울시 영등포구 신길동 194-70
전 화 02-844-0855 팩 스 02-703-7508
등 록 제313-2007-000133호

ISBN 978-89-85493-63-5 93540
ⓒ 김정신, 2004

정가 18,000원

이 책은 2003년도 단국대학교 대학 연구비 지원에 의해 이루어졌습니다.